Quick Guide

Reihe herausgegeben von
Springer Fachmedien Wiesbaden,
Wiesbaden, Deutschland

Quick Guides liefern schnell erschließbares, kompaktes und umsetzungsorientiertes Wissen. Leser erhalten mit den Quick Guides verlässliche Fachinformationen, um mitreden, fundiert entscheiden und direkt handeln zu können.

Franz Kopp

Quick Guide NIS-2 in Österreich

Ein Handlungsleitfaden für Geschäftsführung und Vorstand

Springer Gabler

Franz Kopp
Kopp Consulting FlexCo
Wien, Österreich

ISSN 2662-9240 ISSN 2662-9259 (electronic)
Quick Guide
ISBN 978-3-658-52048-9 ISBN 978-3-658-52049-6 (eBook)
https://doi.org/10.1007/978-3-658-52049-6

Die Deutsche Nationalbibliothek verzeichnet diese Publikation in der Deutschen Nationalbibliografie; detaillierte bibliografische Daten sind im Internet über https://portal.dnb.de abrufbar.

Springer Gabler ist ein Imprint der eingetragenen Gesellschaft Springer Fachmedien Wiesbaden GmbH und ist ein Teil von Springer Nature.
Die Anschrift der Gesellschaft ist: Abraham-Lincoln-Str. 46, 65189 Wiesbaden, Germany

Vorwort

Dieses Buch richtet sich nicht an die IT-Abteilung. Es richtet sich an Sie – die Mitglieder der Geschäftsführung und des Vorstands. In den letzten Jahren haben wir erlebt, wie Cybersicherheit von einem Randthema der Technik zu einem zentralen Risiko der Unternehmensführung herangewachsen ist. Dennoch begegnen viele Entscheider der neuen NIS-2-Richtlinie und ihrer nationalen Umsetzung, dem Österreichischen Netz- und Informationssystemsicherheitsgesetz 2026 (NISG 2026), mit einer Mischung aus Skepsis und Distanz.

Cybersicherheit wird oft als eine Versicherung wahrgenommen, die man kauft, oder als ein Projekt, das man delegiert. Doch NIS-2 markiert das Ende dieser Ära. Dieses Gesetz ist kein technisches Regelwerk; es ist eine Erwartung an führungsfähige Organisationen. Es geht nicht länger nur darum, ob Ihre Systeme sicher sind, sondern darum, ob Ihr Unternehmen unter den Bedingungen der digitalen Abhängigkeit steuerbar bleibt.

Dieses Buch ist kein juristischer Kommentar. Es ist ein Handlungsleitfaden, der Ihnen hilft, die neue Realität als Chance für echte Resilienz zu begreifen. Es soll Ihnen das Rüstzeug geben, um Verantwortung nicht nur formal zu tragen, sondern aktiv zu gestalten.

Jänner 2026
Wien

Franz Kopp

Interessenskonflikt Der/die Autor*in hat keine relevanten Interessenskonflikte im Zusammenhang mit dieser Publikation.

Inhaltsverzeichnis

Über den Autor

Franz Kopp ist Unternehmensberater und Jurist mit Schwerpunkt auf Governance, Regulierung und strategischer Unternehmensführung im digitalen Zeitalter. Er ist Gründer und CEO von Legal4Startups und berät seit vielen Jahren Geschäftsführer:innen, Vorstände sowie Eigentümer:innen von Startups und KMU an der Schnittstelle von Recht, Organisation und unternehmerischer Entscheidungsfindung.

Sein Fokus liegt nicht auf abstrakter Compliance, sondern auf der Frage, wie regulatorische Anforderungen – insbesondere im Bereich Cybersicherheit, NIS-2 und AI-Regulierung – in wirksame Führungs- und Entscheidungsstrukturen übersetzt werden können. Dabei begleitet er Unternehmen nicht nur bei der rechtlichen Einordnung, sondern vor allem bei der praktischen Umsetzung: Governance-Design, Verantwortungsarchitekturen, Eskalationslogiken und Entscheidungsfähigkeit unter Unsicherheit stehen im Zentrum seiner Arbeit.

Franz Kopp berät Unternehmen aus unterschiedlichsten Branchen – von technologiegetriebenen Wachstumsunternehmen bis zu etablierten Organisationen mit komplexen Liefer- und Abhängigkeitsstrukturen. Seine Erfahrung aus der Beratungspraxis, aus Organfunktionen sowie aus der Begleitung realer Krisen- und Entscheidungssituationen prägt den klaren, praxisnahen Zugang dieses Buches.

1 Einleitung: NIS-2 als Führungsrealität

Der Kontext: Eine verwundbare Gesellschaft

Digitale Abhängigkeit ist zur strukturellen Grundlage moderner Unternehmen geworden. Wertschöpfung, Kommunikation, Lieferketten und Steuerungssysteme sind vernetzt, automatisiert und extern angebunden. Mit dieser Effizienzsteigerung geht eine erhöhte Verwundbarkeit einher. Störungen wirken nicht mehr lokal, sondern systemisch.

Cyberangriffe sind daher keine außergewöhnlichen Ereignisse, sondern betriebswirtschaftliche Risikofaktoren mit strategischer Dimension.

Die Europäische Union hat mit der NIS-2-Richtlinie reagiert, umgesetzt in Österreich durch das NISG 2026. Ziel ist ein einheitliches, hohes Cybersicherheitsniveau im Binnenmarkt. Entscheidend ist dabei nicht allein die technische Absicherung, sondern die ausdrückliche Zuordnung von Verantwortung an die Leitungsebene.

NIS-2 ist damit kein IT-Regime. Es ist ein Führungsregime.

Warum dieses Buch anders ist

Die verfügbare Literatur zu NIS-2 bewegt sich überwiegend zwischen juristischer Kommentierung und technischer Umsetzungshilfe. Beide Pers-

F. Kopp, *Quick Guide NIS-2 in Österreich*, Quick Guide,
https://doi.org/10.1007/978-3-658-52049-6_1

pektiven sind notwendig. Beide beantworten jedoch nicht die zentrale Frage:

Wie führt man ein Unternehmen unter digitaler Unsicherheit?

Dieses Buch versteht NIS-2 als Governance-Rahmen. Es behandelt Cybersicherheit nicht als delegierbare Fachfrage, sondern als Bestandteil professioneller Leitungstätigkeit. Im Mittelpunkt stehen Entscheidungsarchitektur, Risikoakzeptanz und institutionelle Verankerung.

Die Struktur: Navigate – Implement – Sustain

Die Systematik dieses Buches folgt bewusst dem Dreiklang Navigate – Implement – Sustain.

Diese Begriffe beschreiben jedoch keine linearen Projektphasen. Sie stehen für drei Ebenen professioneller Führung unter regulatorischen Bedingungen.

Navigate

Navigate bedeutet strategische Einordnung. Hier wird geklärt, warum digitale Risiken zur Chefsache geworden sind, wo Delegation endet und wo persönliche Verantwortlichkeit beginnt. Diese Ebene beschreibt den Leadership Impact von NIS-2.

Implement

Implement bedeutet Operationalisierung. Es geht nicht um technische Implementierung, sondern um die Umsetzung von Entscheidungslogik. Eskalationsschwellen, strukturierte Abwägung, dokumentierte Risikoakzeptanz und regulatorisch konsistente Reaktion werden in konkrete Instrumente überführt.

Sustain

Sustain bedeutet Institutionalisierung. Resilienz ist kein Projekt mit Enddatum. Die entwickelte Führungsarchitektur muss dauerhaft im Regelbetrieb verankert werden. Kontinuierliche Überwachung, periodische Bewertung und dokumentierte Risikoakzeptanz sichern Professionalität über den Einzelfall hinaus.

Navigate klärt Verantwortung. Implement strukturiert Entscheidung. Sustain sichert Dauerhaftigkeit.

So arbeiten Sie mit diesem Buch

Die ersten Teile entwickeln das Führungsmodell analytisch. Leadership Impact und Management-Reflexion schaffen begriffliche und strukturelle Klarheit.

Im Praxisteil werden diese Prinzipien operationalisiert. Eskalationsmatrix, Executive Decision Sheet, Zeitstruktur und Board-Routine sind keine zusätzlichen Compliance-Instrumente, sondern institutionalisierte Formen professioneller Führung.

Dieses Buch ist kein Maßnahmenkatalog und kein juristischer Kommentar. Es ist eine Führungsarchitektur im regulatorischen Kontext.

NIS-2 ist kein Zustand, den man abhakt. Es ist ein Maßstab für Professionalität.

2

Teil I – Navigate: Strategische Einordnung und Leadership Impact

Was Sie aus diesem Kapitel mitnehmen

Warum verlagert NIS-2 die Verantwortung ausdrücklich auf das Leitungsorgan?
Wo endet operative Delegation und wo beginnt persönliche Überwachungsverantwortung?
Welche Kriterien bestimmen die Erheblichkeit eines Vorfalls?
Was bedeutet „Angemessenheit" im regulatorischen Kontext konkret?
Wie verändert NIS-2 die Governance-Architektur eines Unternehmens?

2.1 Warum NIS-2 Chefsache ist

Viele Geschäftsführungen begegnen der NIS-2-Thematik zunächst mit einer gewissen inneren Distanz. Das Thema wirkt technisch, spezialisiert und fremd. Es scheint in jene Kategorie von Anforderungen zu fallen, die man analysiert, strukturiert und anschließend an die zuständigen Stellen weitergibt – IT, Security und Compliance verfügen schließlich über die entsprechenden Experten, Prozesse und Dienstleister. Diese Einordnung ist nachvollziehbar, doch sie ist der erste gravierende Fehler.

F. Kopp, *Quick Guide NIS-2 in Österreich*, Quick Guide,
https://doi.org/10.1007/978-3-658-52049-6_2

Nicht, weil Delegation an sich falsch wäre, sondern weil NIS-2 nicht dort ansetzt, wo delegiert wird, sondern dort, wo die Verantwortung unausweichlich bleibt. Das NISG 2026 definiert hierfür einen klaren Adressaten: das Leitungsorgan. Die Erläuterungen zum Gesetz lassen keinen Interpretationsspielraum: Damit sind jene natürlichen Personen gemeint, die auf Geschäftsführungs- oder Vorstandsebene zur Führung der Geschäfte berufen sind. Eine Position als „Chief Information Security Officer (CISO)" macht jemanden für sich genommen noch nicht zum Leitungsorgan.

NIS-2 ist kein neues Technikthema, das zufällig auf der Agenda der Geschäftsführung landet. Es ist der regulatorische Ausdruck einer Entwicklung, die längst Realität ist: Unternehmen sind heute in hohem Maß digital abhängig, vernetzt und exponiert. Entscheidungen, die früher lokal und operativ waren, haben heute systemische Auswirkungen. Und genau diese Entscheidungen lassen sich nicht nach unten weiterreichen. Was NIS-2 sichtbar macht, ist nicht die Anforderung an bessere Sicherheit, sondern die Erwartung an führungsfähige Organisationen. Und Führung beginnt immer oben.

In vielen Unternehmen zeigt sich ein typisches Muster: Solange der Betrieb stabil läuft, fühlt sich Verantwortung verteilt an. Berichte kommen regelmäßig, Maßnahmen sind umgesetzt, externe Spezialisten liefern Einschätzungen. Die Organisation funktioniert, und die Führung greift nur punktuell ein – so, wie es sein soll. In diesem Zustand erscheint es plausibel, Cybersicherheit als operatives Thema zu behandeln. Die Geschäftsführung bleibt informiert, aber nicht involviert.

Diese Logik trägt jedoch nur so lange, bis sie es nicht mehr tut. Denn das NISG 2026 interessiert sich nicht für den Normalbetrieb. Es interessiert sich für den Moment, in dem Routinen versagen. Es fokussiert auf Situationen, in denen Informationen unvollständig sind, Einschätzungen auseinandergehen und Entscheidungen unter extremem Zeitdruck getroffen werden müssen. Genau dort zeigt sich, wo Verantwortung tatsächlich liegt.

Wenn Systeme ausfallen, reicht es nicht mehr, technisch gut vorbereitet zu sein. Dann stellt sich nicht die Frage, welche Maßnahme technisch korrekt ist, sondern welche Entscheidung unternehmerisch tragfähig ist.

- Soll der Betrieb weiterlaufen, obwohl Risiken nicht vollständig geklärt sind?
- Soll abgeschaltet werden, obwohl wirtschaftlicher Schaden droht?
- Soll kommuniziert werden, obwohl Fakten fehlen, oder gewartet werden, obwohl Schweigen selbst zur Botschaft wird?

Diese Entscheidungen lassen sich nicht delegieren. Sie lassen sich auch nicht vollständig vorbereiten; sie verlangen Führung. An dieser Stelle wird oft argumentiert, dass genau für solche Situationen Prozesse, Eskalationsstufen und Notfallpläne existieren. Das stimmt – doch kein Prozess ersetzt eine Entscheidung und kein Plan nimmt Verantwortung ab. Spätestens wenn Zielkonflikte offen zutage treten, endet jede operative Logik. Was bleibt, ist die Frage, wer entscheidet und wer diese Entscheidung trägt.

Chefsache bedeutet in diesem Kontext nicht Mikromanagement, sondern die Zuständigkeit für Wirksamkeit. In der Praxis werden Delegation und Verantwortung oft unbewusst gleichgesetzt. Aufgaben werden übertragen, Zuständigkeiten benannt, Berichte eingefordert. Unter Druck kehrt Verantwortung jedoch zurück – nicht als Schuld, sondern als Rolle. Das ist kein Versagen der Organisation, es ist das Wesen von Führung.

Das NISG 2026 zwingt Unternehmen, diese Realität nicht erst im Ernstfall zu erkennen, sondern vorher. Es fordert nicht, dass Geschäftsführungen alles selbst wissen oder tun. Es fordert, dass sie sich bewusst machen, wo Delegation endet und Verantwortung beginnt.

Leadership-Impact: Die Überwachungspflicht (§ 31 NISG 2026)
Die gesetzliche Pflicht: Gemäß § 31 Abs. 1 NISG 2026 haben Leitungsorgane die Einhaltung der Risikomanagementmaßnahmen nicht nur sicherzustellen, sondern auch aktiv zu beaufsichtigen.

Die persönliche Fortbildung: Um dieser Aufsichtspflicht nachkommen zu können, müssen Mitglieder der Geschäftsführung und des Vorstands an spezifischen Cybersicherheitsschulungen teilnehmen. Die Konsequenz: Wer diese Schulungen vernachlässigt oder seiner Aufsichtspflicht nicht nachkommt, riskiert im Schadenfall eine persönliche Haftung durch Schadenersatzpflichten, sofern Sorgfaltswidrigkeit nachgewiesen wird.

Chefsache heißt nicht, operative Entscheidungen zu treffen. Es heißt, die Voraussetzungen zu schaffen, damit Entscheidungen unter Unsicherheit möglich sind. Dazu gehören klare Prioritäten, Risikoakzeptanz und die Bereitschaft, Verantwortung sichtbar zu übernehmen, wenn es unbequem wird.

In diesem Sinne ist NIS-2 weniger eine neue Pflicht als ein Realitätstest. Es prüft nicht, ob ein Unternehmen perfekt abgesichert ist. Es prüft, ob es führungsfähig ist, wenn Perfektion nicht erreichbar ist. Wer NIS-2 nicht als Chefsache begreift, wird es entweder delegieren oder übererfüllen. Beides führt am Kern vorbei. NIS-2 ist Chefsache, weil Verantwortung nicht delegierbar ist – und weil Führung dort beginnt, wo es keine einfachen Antworten mehr gibt.

Management-Reflexion

Wo genau endet in Ihrem Unternehmen Delegation – und wo beginnt Verantwortung?

Ist klar, wer im Ausnahmefall entscheidet, wenn Prozesse nicht mehr greifen?

Haben Sie diese Entscheidungsräume bewusst definiert – oder nur stillschweigend vorausgesetzt?

Würden Sie sagen, dass Führung unter Unsicherheit bei Ihnen bereits vorbereitet ist?

2.2 Wo Verantwortung unter NIS-2 wirklich liegt

In vielen Unternehmen existiert ein stillschweigendes Einvernehmen darüber, wie Verantwortung funktioniert: Aufgaben werden verteilt, Zuständigkeiten benannt, Berichte eingefordert. Daraus entsteht der Eindruck, Verantwortung sei entlang der Organisation verteilt und damit handhabbar. Diese Logik trägt im Normalbetrieb erstaunlich gut – Prozesse greifen, Entscheidungen werden operativ getroffen, und Eskalationen bleiben die Ausnahme. Führung wirkt dann vor allem durch Rahmenbedingungen und Prioritäten, nicht durch unmittelbare Eingriffe. NIS-2 stellt diese gewohnte Ordnung jedoch infrage, indem es sichtbar macht, wo Delegation endet und wo Verantwortung unausweichlich wieder nach oben wandert.

Genau hier entsteht häufig Irritation. Nicht, weil Führung sich ihrer Pflicht entziehen will, sondern weil sie Verantwortung bislang als verteilt und durch Strukturen abgesichert erlebt hat. Der Kern des NISG 2026 liegt jedoch nicht in der Frage, wer etwas operativ umsetzt, sondern darin, wer entscheidet, wenn die Umsetzung nicht ausreicht. Verantwortung wird dort relevant, wo Entscheidungen getroffen werden müssen, die Zielkonflikte offenlegen. Diese Konflikte sind unternehmerischer Natur: wirtschaftliche Kontinuität versus Risikominimierung, Geschwindigkeit versus Sorgfalt, Transparenz versus Unsicherheit. Solche Abwägungen lassen sich weder technisch lösen noch durch Prozesshandbücher abschließen – sie verlangen echte Führung.

Viele Geschäftsführungen erleben diesen Punkt erst im Ausnahmezustand. Ein Vorfall zwingt zu Entscheidungen, für die es keine saubere Vorlage gibt. Informationen sind lückenhaft, Einschätzungen widersprechen einander, und der Zeitdruck steigt. In diesem Moment zeigt sich, dass die Verantwortung nie wirklich verschwunden war; sie war lediglich unsichtbar, solange der Betrieb stabil blieb. NIS-2 macht diese Rückkehr der Verantwortung planbar. Es ist ein Paradigmenwechsel: Verantwortung wird nicht neu geschaffen, sondern neu verortet – und zwar dort, wo Entscheidungen mit unternehmerischer Tragweite getroffen werden. Das Gesetz spricht hierbei unmissverständlich vom Leitungsorgan. Die Erläuterungen stellen klar, dass damit ausschließlich die Ebene der Geschäftsführer und Vorstände gemeint ist.

Ein häufiger Irrtum besteht darin, Verantwortung mit operativer Nähe oder technischem Expertenwissen gleichzusetzen. Wer Verantwortung trägt, so die intuitive Annahme, müsse auch tief im Thema stecken. Das NISG 2026 relativiert diese Annahme entscheidend: Verantwortung bedeutet nicht, jede technische Option im Detail bewerten zu können. Sie bedeutet, für Entscheidungen einzustehen, die auf technischen Einschätzungen beruhen. Wer entscheidet, ob ein System weiterbetrieben wird, obwohl ein Risiko nicht abschließend bewertet ist? Wer trägt die Konsequenzen, wenn eine vorsorgliche Abschaltung wirtschaftlichen Schaden verursacht? Diese Fragen betreffen das Unternehmen als Ganzes und können daher gemäß § 31 Abs. 1 NISG 2026 nicht delegiert werden. Verantwortung bleibt an der Stelle, an der die Entscheidungsmacht konzentriert ist. Das ist keine moralische Forderung, sondern eine organisatorische Realität, die das Gesetz nun formal festschreibt. Führung bedeutet, diese Realität anzuerkennen und den Rahmen so zu gestalten, dass Verantwortung im Ernstfall ruhig greift, statt hektisch nach oben zu „springen".

Leadership-Impact: Wer haftet? (§ 31 NISG 2026)
Der Anker: Das Gesetz richtet sich an das Leitungsorgan. Die Erläuterungen präzisieren, dass eine eingeschränkte Vertretungsbefugnis (wie eine Prokura) oder die Rolle des CISO hierfür nicht ausreicht.

Die unternehmerische Pflicht: Leitungsorgane haben die Einhaltung der Maßnahmen nicht nur sicherzustellen, sondern aktiv zu beaufsichtigen.

Das persönliche Risiko: Während Verwaltungsstrafen (bis zu 10 Mio. € oder 2 % des weltweiten Umsatzes bei wesentlichen Einrichtungen; bis zu 7 Mio. € oder 1,4 % bei wichtigen Einrichtungen) die Einrichtung treffen, droht Ihnen bei schuldhafter Pflichtverletzung eine persönliche Schadenersatzpflicht gegenüber Ihrem Unternehmen.

Management-Reflexion

Wo finden in Ihrem Unternehmen Entscheidungen statt, die faktisch nicht mehr fachlich, sondern unternehmerisch sind?

Ist in Ihrem Board klar definiert, welche Cybersicherheits-Entscheidungen Sie sich explizit vorbehalten?

Würde Ihre Verantwortung im Ernstfall ruhig und strukturiert greifen oder hektisch und ungeordnet zurückkehren?

Haben Sie die Unterscheidung zwischen operativer Fachverantwortung (IT/CISO) und Ihrer strategischen Letztverantwortung bereits explizit kommuniziert?

2.3 Delegation im Normalbetrieb vs. Ausnahmezustand

Delegation ist eine der zentralen Errungenschaften moderner Organisationen. Sie ermöglicht Skalierung, Geschwindigkeit und Spezialisierung. In der täglichen Führungspraxis ist sie so tief verankert, dass sie oft als vollständige Entlastung wahrgenommen wird: Aufgaben werden verteilt, Zuständigkeiten definiert und Verantwortung scheint damit erfolgreich weitergereicht zu sein. Im Normalbetrieb funktioniert dieses Modell hervorragend – und genau darin liegt seine Tücke. Denn Delegation ist ein Konstrukt, das für Stabilität entworfen wurde.

Solange Abläufe vorhersehbar sind und Entscheidungen innerhalb bekannter Muster getroffen werden können, wirkt die Delegation wie ein Schutzschild für das Management. Führung greift nur punktuell ein, und Berichte bestätigen das Gefühl, alles unter Kontrolle zu haben. Der Ausnahmezustand jedoch folgt einer völlig anderen Logik. Sobald Routinen versagen, bricht die Schutzwirkung der Delegation in sich zusammen. Informationen sind plötzlich unvollständig, Risiken lassen sich kaum noch abschätzen und der Zeitdruck steigt massiv an. In diesem Moment zeigt sich die nackte Realität: Delegation hat die Verantwortung nie ersetzt, sondern sie im Alltag lediglich verdeckt.

Unter dem NISG 2026 wird dieser Moment der Krise nicht länger als unvorhersehbarer Sonderfall behandelt, sondern als ein relevanter Zustand, auf den die Organisation strukturell vorbereitet sein muss. Das Gesetz geht nicht davon aus, dass Ihre Systeme perfekt funktionieren; es geht davon aus, dass sie irgendwann versagen werden – und stellt dann die entscheidende Frage: Wer führt jetzt?

In vielen Unternehmen beginnt im Ernstfall eine „stille Rückdelegation". Sobald fachliche Parameter überschritten werden und unternehmerische Abwägungen notwendig werden, wandern Entscheidungen ungeordnet nach oben. Das ist kein Versagen der Mitarbeiter, sondern ein Hinweis darauf, dass Delegation immer nur so lange trägt, wie Entscheidungen innerhalb definierter Grenzen bleiben. Das NISG 2026 macht diese Grenze explizit. Es verlangt von Ihnen nicht nur zu definieren, wer zuständig ist, sondern vor allem, wann diese Zuständigkeit endet und die Führungsebene aktiv übernehmen muss.

Ein sicherheitsrelevanter Vorfall kann anfangs noch rein fachlich gelöst werden. Doch ab einem gewissen Punkt stellen sich Fragen, die kein CISO allein beantworten kann: Welche Auswirkungen hat die Situation auf den Geschäftsbetrieb, auf Kundenbeziehungen oder auf unsere Reputation? Spätestens hier endet die operative Logik. Die Entscheidung über Zielkonflikte – etwa zwischen wirtschaftlicher Kontinuität und radikaler Abschaltung zur Schadensbegrenzung – verlangt eine unternehmerische Abwägung, die nur dort getroffen werden kann, wo die Gesamtverantwortung liegt.

Das Gesetz macht diesen Zeitdruck nun messbar. Die Meldepflichten gemäß § 34 NISG 2026 setzen eine Uhr in Gang, die keine langen Abstimmungsschleifen erlaubt. Wer hier erst klären muss, wer überhaupt entscheiden darf, hat den Kampf gegen die Zeit bereits verloren.

Leadership-Impact: Die „Incident Clock" (§ 34 NISG 2026)
Die gesetzliche Frist: Bei einem erheblichen Vorfall müssen Sie innerhalb von 24 h eine Frühwarnung und innerhalb von 72 h eine ausführliche Meldung an das zuständige CSIRT (sektorspezifisches CSIRT oder, soweit kein solches benannt ist, nationales CSIRT gemäß § 11 NISG 2026) abgeben.

Keine Ausrede durch Delegation: Diese Fristen gelten ab Kenntnisnahme. Eine Verzögerung, weil „der Bericht erst durch die Instanzen musste", schützt das Unternehmen nicht vor Sanktionen.

Unterstützung ohne Entlastung: Ein CSIRT leistet zwar technische Unterstützung (§ 8 Abs. 1 Z 3), die unternehmerische Letztverantwortung und die Entscheidung über die Kommunikation nach außen bleiben jedoch unübertragbar bei Ihnen.

Management-Reflexion

Wo endet in Ihrem Unternehmen die fachliche Zuständigkeit der IT und wo beginnt faktisch Ihre unternehmerische Entscheidungspflicht?
Sind Ihre internen Eskalationswege so gestaltet, dass eine Entscheidung innerhalb der gesetzlichen 24-Stunden-Frist nicht nur theoretisch möglich, sondern praktisch geübt ist?
Verstehen Ihre Führungskräfte die Eskalation eines Vorfalls als Zeichen von Reife oder wird sie als Eingeständnis von Schwäche noch immer vermieden?
Haben Sie bereits festgelegt, welche unternehmerischen Parameter (z. B. Ausfallzeit kritischer Dienste, drohender Datenabfluss) eine sofortige Befassung des Vorstands erzwingen?

2.4 Haftung verstehen, ohne Angst zu machen

Haftung ist eines der stärksten Reizwörter im Kontext von NIS-2. Kaum ein Begriff löst bei Geschäftsführungen so reflexartig Abwehr aus, assoziiert mit persönlichem Risiko, Sanktionen und Kontrollverlust. Doch genau hier beginnt ein Denkfehler: Haftung ist unter dem NISG 2026 kein bloßes Drohmittel, sondern ein Instrument der organisatorischen Rollenklärung. Um das zu verstehen, muss man Haftung strikt von Schuld trennen. Während Schuld moralisch aufgeladen ist und fragt, wer einen Fehler gemacht hat, ordnet Haftung Verantwortung sachlich zu. Sie fragt: Wer entscheidet und wer steht für diese Entscheidung ein, wenn Folgen eintreten?

In vielen Organisationen wird Haftung als etwas Negatives begriffen, das man durch Prozesse neutralisieren, verteilen oder verdünnen müsse. Man verlängert Entscheidungswege und intensiviert die Dokumentation, damit am Ende niemand allein verantwortlich ist. Unter NIS-2 wirkt diese Logik kontraproduktiv, denn die Richtlinie interessiert sich nicht für Schuldfragen, sondern für die Zurechenbarkeit von Entscheidungen. Wer trägt die Verantwortung dafür, dass Risiken angemessen eingeordnet werden? Wer entscheidet, welche Risiken akzeptiert werden? Diese Fragen verlangen eine eindeutige Verortung, und die Haftung ist lediglich die formale Abbildung dieser Struktur.

Ein zentraler Punkt im NISG 2026 ist, dass Haftung der Entscheidungsmacht folgt, nicht der technischen Ausführung. Wer entscheidet, trägt Verantwortung – unabhängig davon, wer die Maßnahme operativ umsetzt. Wer versucht, Haftung im Ernstfall durch Verzögerung oder Diffusion zu vermeiden, schwächt die Führung und erhöht paradoxerweise das tatsächliche Risiko, da die Handlungsfähigkeit des Unternehmens untergraben wird. Das Gesetz setzt daher auf Klarheit vorab. Gute Führung versucht nicht, Haftung durch die Illusion von Perfektion zu vermeiden, sondern sorgt dafür, dass Entscheidungen nachvollziehbar, begründet und angemessen sind.

Das Sanktionsregime des NISG 2026 ist dabei zweigeteilt: Es gibt die drakonischen Geldstrafen gegen das Unternehmen selbst und die direkte Einwirkung auf Sie als Führungskraft. Während die Geldstrafen gemäß § 45 NISG 2026 empfindliche Höhen erreichen können, ist das schärfste Schwert gegen Leitungsorgane die vorübergehende Untersagung der Ausübung ihrer Funktion.

Leadership-Impact: Sanktionen und persönliche Folgen (§§ 31, 39, 45 NISG 2026)

Geldstrafen gegen das Unternehmen: Bei wesentlichen Einrichtungen drohen Strafen von bis zu 10 Mio. € oder 2 % des weltweiten Umsatzes, je nachdem welcher Betrag höher ist. Bei wichtigen Einrichtungen sind es bis zu 7 Mio. € oder 1,4 %.

Die „Atombombe" für das Management: Gemäß § 39 Abs. 4 Z 2 NISG 2026 kann die Behörde einem Leitungsorgan bei beharrlicher Nichtbefolgung von Bescheiden vorübergehend untersagen, seine Leitungsaufgaben wahrzunehmen. Diese Untersagung wird zudem im Firmenbuch eingetragen.

Innenhaftung: Während das Gesetz keine direkten Verwaltungsstrafen für Vorstände vorsieht, haften Sie gegenüber Ihrem Unternehmen im Rahmen der Schadenersatzpflicht, wenn Sie Ihre Aufsichtspflichten nach § 31 schuldhaft verletzen. Haftung wird so zum Orientierungsrahmen. Sie macht sichtbar, wo Verantwortung liegt, und entlastet dort, wo sie nicht liegt. Wer Haftung als Ausdruck seiner Führungsrolle versteht, verliert die Angst und gewinnt die notwendige Klarheit für wirksame Entscheidungen.

Management-Reflexion

Wird Haftung in Ihrem Board primär als persönliche Bedrohung oder als notwendiges Instrument für klare Entscheidungsstrukturen diskutiert?

Ist in Ihrem Unternehmen explizit geklärt, wer für unternehmerische Entscheidungen im Ausnahmezustand (z. B. Systemabschaltung gegen Umsatzverlust) persönlich einsteht?

Versuchen Sie aktuell, Haftung durch immer komplexere Freigabeprozesse zu vermeiden, oder gestalten Sie diese durch klare Kompetenzzuweisungen?

Haben Sie die Konsequenz des § 39 (Untersagung der Leitungsaufgaben) bereits als Argument genutzt, um notwendige Budgets oder Strukturänderungen im Unternehmen durchzusetzen?

2.5 „Sind wir betroffen?" – warum diese Frage in die Irre führt

Kaum ein Satz fällt im Zusammenhang mit NIS-2 so früh und so selbstverständlich wie dieser: „Sind wir überhaupt betroffen?" Die Frage ist verständlich und folgt der klassischen Logik von Regulierung: Erst klären, ob man adressiert ist, dann entscheiden, wie viel Aufmerksamkeit nötig ist. Diese binäre Logik ist vertraut, effizient und scheinbar rational – und genau deshalb ist sie im Kontext von NIS-2 gefährlich. Denn NIS-2 ist kein Regelwerk, das ausschließlich zwischen Betroffenen und Nicht-Betroffenen unterscheidet. Es beschreibt ein vernetztes System, in dem Unternehmen unterschiedliche Rollen einnehmen – mit unterschiedlichen Erwartungen, aber nicht mit unterschiedlicher Verantwortung.

In der Praxis führt die reine Fokussierung auf die formale Betroffenheit oft dazu, dass Unternehmen, die nicht unmittelbar adressiert sind, innerlich auf Distanz gehen. Man verlässt sich darauf, dass andere – größere, kritischere Akteure – im Fokus stehen. Diese Haltung erzeugt gefährliche Blindstellen, denn digitale Abhängigkeiten verlaufen nicht entlang von Rechtskategorien. Sie verlaufen entlang von Geschäftsmodellen, Lieferketten und Schnittstellen. Wer Teil dieses Systems ist, trägt Verantwortung, unabhängig davon, ob er formell im Zentrum steht oder nicht. NIS-2 macht diese Realität sichtbar und fragt nicht nur, wer reguliert ist, sondern wer Wirkung entfaltet und auf wen andere angewiesen sind.

Das NISG 2026 unterteilt Unternehmen in zwei Hauptkategorien: wesentliche und wichtige Einrichtungen. Diese Einstufung erfolgt primär nach dem Sektor und der Unternehmensgröße (§ 24 und § 25). Als Faustregel der „Size-cap-rule" gilt: Wer mehr als 50 Mitarbeiter beschäftigt oder einen Jahresumsatz und eine Bilanzsumme von über 10 Mio. € erzielt, ist potenziell betroffen, sofern er in einem der kritischen Sektoren wie Energie, Gesundheit, Verkehr oder digitale Infrastruktur tätig ist.

Doch die formale Prüfung ist nur der Anfang. Wer NIS-2 nur als Betroffenheitsprüfung liest, wird das Thema unterschätzen oder delegieren. Wer es als Systembeschreibung versteht, beginnt anders zu denken: über Abhängigkeiten, Rollen und Wirkung. Die richtige Frage lautet daher nicht: „Sind wir betroffen?", sondern: „Welche Rolle spielen wir in diesem Gefüge – und welche Verantwortung folgt daraus für unsere Handlungsfähigkeit?".

Leadership-Impact: Die Klassifizierung (§§ 24 f NISG 2026)

Die Schwellenwerte: Ein Unternehmen gilt als „mittleres Unternehmen", wenn es mindestens 50 Mitarbeiter beschäftigt oder über 10 Mio. € Umsatz und über 10 Mio. € Bilanzsumme erzielt. Ab 250 Mitarbeitern oder 50 Mio. € Umsatz/43 Mio. € Bilanz gilt es als „großes Unternehmen".

Wesentliche vs. Wichtige Einrichtungen: Wesentliche Einrichtungen (Anlage 1 + Großunternehmen) unterliegen einer strengeren Ex-ante-Aufsicht. Wichtige Einrichtungen (Anlage 1 & 2 + mittlere Unternehmen) werden primär Ex-post, also anlassbezogen nach einem Vorfall, kontrolliert.

Größenunabhängige Einstufung: Gemäß § 26 kann die Behörde Sie auch dann als wesentlich einstufen, wenn Sie klein sind, aber eine kritische Rolle spielen – etwa als einziger Anbieter eines Dienstes oder bei potenziellen systemischen Risiken.

Management-Reflexion

Welche externen Abhängigkeiten sind für Ihren Betrieb kritisch, auch wenn diese im Alltag unsichtbar bleiben?

Wo entfalten die Entscheidungen Ihres Unternehmens Wirkung weit über die eigene Organisationsgrenze hinaus?

Gibt es Rollen im System, die Sie faktisch einnehmen (z. B. als Single-Source-Zulieferer für eine wesentliche Einrichtung), aber bisher nie bewusst reflektiert haben?

Würden Sie sagen, dass Ihre strategischen Entscheidungen bereits systemisch gedacht werden oder primär nach internen Kennzahlen?

2.6 Unternehmen als Teil eines Systems

Traditionell werden Unternehmen als in sich geschlossene Einheiten gedacht: Die Verantwortung endet an der eigenen Organisationsgrenze, Risiken werden intern bewertet und Entscheidungen wirken primär nach innen. Dieses Bild hat viele Managementannahmen über Jahrzehnte geprägt, doch das Netz- und Informationssystemsicherheitsgesetz 2026 (NISG 2026) erweitert dieses Bild um eine Realität, die längst Einzug gehalten hat: Unternehmen existieren heute nicht mehr isoliert, sondern als Teil hochgradig vernetzter Systeme. Diese Systemhaftigkeit ist kein abstraktes Konzept; sie zeigt sich täglich in der Abhängigkeit von externen Dienstleistern, hybriden IT-Infrastrukturen und grenzüberschreitenden Datenflüssen.

NIS-2 setzt genau an dieser Stelle an, da sich die Richtlinie nicht nur für das einzelne Unternehmen interessiert, sondern für die Stabilität des Gesamtsystems. Risiken enden nicht dort, wo Zuständigkeiten formal aufhören. Wer Teil eines kritischen Gefüges ist, trägt Verantwortung auch dann, wenn er nicht im direkten Zentrum steht. Für viele Geschäftsführungen ist diese Perspektive ungewohnt, widerspricht sie doch der intuitiven Vorstellung, dass Verantwortung zwingend mit vollständiger Kontrolle einhergehen müsse. Systemverantwortung entsteht jedoch nicht aus Steuerbarkeit, sondern aus Wirkung: Wer Wirkung entfaltet, trägt Verantwortung – unabhängig davon, ob er diese Wirkung vollständig beherrscht.

In der Praxis bedeutet dies: Ein Unternehmen, das formal nicht unmittelbar im Anwendungsbereich liegt, kann faktisch Teil einer Kette sein, deren Stabilität von seiner Funktionsfähigkeit abhängt. Fällt dieses Element aus, entstehen Effekte, die weit über den eigenen Betrieb hinausreichen. Das NISG 2026 macht diese Zusammenhänge sichtbar, indem es Rollen im System erkennt – manche stehen im Zentrum, andere an Schnittstellen. Führung unter NIS-2 heißt daher nicht, alle Abhängigkeiten aufzulösen, sondern sie zu kennen und in Entscheidungen einzubeziehen.

Diese Perspektive hat unmittelbare Konsequenzen für Ihre strategische Priorisierung. Maßnahmen werden nicht mehr nur nach interner Dringlichkeit bewertet, sondern nach ihrer systemischen Relevanz. Ein Risiko, das intern beherrschbar scheint, kann systemisch kritisch sein; umgekehrt können interne Schwächen weniger kritisch sein, wenn sie keine Kettenreaktionen auslösen. Das Gesetz zwingt Sie dazu, ehrlicher auf Ihre Wirkung zu schauen und sich nicht hinter formalen Grenzen zu verstecken.

Leadership-Impact: Systemrisiko und Lieferkette (§§ 26, 32 NISG 2026)

Das Systemrisiko: Gemäß § 26 Abs. 3 Z 3 NISG 2026 kann die Behörde Ihr Unternehmen als wesentlich oder wichtig einstufen, wenn eine Störung Ihrer Dienste zu einem „wesentlichen Systemrisiko“ führen könnte. Ein solches Risiko liegt vor, wenn die Auswirkungen über Ihre eigene Einrichtung hinausgehen.

Die Lieferkettenpflicht: In § 32 Abs. 4 lit. d wird die Sicherheit der Lieferkette explizit als Teil der Risikomanagementmaßnahmen vorgeschrieben. Sie müssen die Cybersicherheitspraxis Ihrer unmittelbaren Anbieter aktiv in Ihre Sicherheitsstrategie einbeziehen.

Ihre Aufgabe: Identifizieren Sie die „kritischen Knotenpunkte“ in Ihrem Geschäftsmodell – wo hängen Sie von anderen ab und wer hängt existenziell von Ihnen ab?

Management-Reflexion

Welche externen Abhängigkeiten sind für Ihren Geschäftsbetrieb kritisch, auch wenn sie im Alltag wenig sichtbar sind?
Wo entfalten die Entscheidungen Ihres Unternehmens Wirkung über die eigene Organisation hinaus?
Gibt es Rollen im System, die Sie faktisch einnehmen (z. B. als Zulieferer für kritische Infrastruktur), aber nie bewusst reflektiert haben?
Würden Sie sagen, dass Ihre strategischen Investitionen bereits systemisch gedacht werden oder primär nach internen, isolierten Kennzahlen?

2.7 Lieferketten, Dienstleister und Mitverantwortung

Lange Zeit galt in vielen Organisationen die bequeme Logik, dass sich Verantwortung sauber entlang von Eigentum und Weisungsrecht ordnen lässt: Wer etwas besitzt oder intern steuert, ist verantwortlich; wer Leistungen einkauft oder Prozesse auslagert, überträgt damit auch die Risiken. In einer Welt mit klaren Unternehmensgrenzen mochte dies funktionieren, doch die digitale Wertschöpfung folgt heute einer anderen Realität. Sie ist über Lieferketten, Plattformen und technische Abhängigkeiten verteilt. Das NISG 2026 zieht hier eine deutliche Grenze: Während die Ausführung einer Dienstleistung extern erfolgen kann, bleibt die unternehmerische Entscheidung über Auswahl, Steuerung und Nutzung dieser Dienste – und damit die Verantwortung für die daraus resultierenden Risiken – untrennbar bei der Geschäftsführung.

Hier entsteht das zentrale Konzept der Mitverantwortung. Viele Leitungsorgane gehen implizit davon aus, dass ihre Zuständigkeit dort endet, wo ein Vertrag beginnt. Man verlässt sich auf Service Level Agreements (SLAs) und Audits, um Kontrolle zu simulieren. Doch Verantwortung lässt sich unter NIS-2 schlichtweg nicht outsourcen. Das Gesetz interessiert sich nicht primär dafür, wer ein System operativ betreibt, sondern ob Ihr Unternehmen die Risiken kennt, bewertet und steuert, die aus diesen Abhängigkeiten entstehen. Wer einen kritischen Prozess auslagert, entscheidet gleichzeitig über das Risiko, das er damit eingeht. Fällt ein externer IT-Dienstleister oder Cloud-Anbieter aus, steht nicht der

Dienstleister vor der existenziellen Frage, wie der Betrieb aufrechtzuerhalten ist, sondern Sie.

Dieser strategische Blick auf Lieferketten als „Risikoketten“ verändert die Anforderungen an Ihr Management massiv. Es reicht nicht mehr aus, Lieferanten nur nach Preis und Leistung auszuwählen. Sie müssen deren Rolle in Ihrem Gesamtrisikoprofil verstehen: Welche Leistungen sind kritisch? Wo gibt es keine Alternativen? NIS-2 verlangt keine permanente Überwachung jedes Partners, aber sie fordert Bewusstsein und Entscheidungsfähigkeit. Mitverantwortung bedeutet in diesem Sinne nicht, Verantwortung zu teilen, sondern sie auf den gesamten Raum Ihrer Wertschöpfung zu erweitern – auch auf das, was Sie bewusst nach außen verlagert haben.

Leadership-Impact: Risikomanagement in der Kette (§ 32 Abs. 4 lit. d NISG 2026)

Die gesetzliche Pflicht: Gemäß § 32 Abs. 4 lit. d NISG 2026 müssen Ihre Risikomanagementmaßnahmen explizit die Sicherheit der Lieferkette umfassen. Dies beinhaltet die sicherheitsbezogenen Aspekte der Beziehungen zu Ihren unmittelbaren Anbietern.

Qualitätsprüfung: Sie sind verpflichtet, die Gesamtqualität der Produkte und die Cybersicherheitspraktiken Ihrer Dienstleister – einschließlich deren Entwicklungsprozesse – zu berücksichtigen.

Managed Services: Das Gesetz definiert explizit Anbieter verwalteter Dienste (MSPs) und Sicherheitsdienste (MSSPs) als relevante Akteure. Die Verantwortung für deren wirksame Einbindung in Ihre Resilienzstrategie liegt bei Ihnen als Leitungsorgan.

Management-Reflexion

- Welche externen Dienstleister sind für Ihren Kernbetrieb so kritisch, dass ein Ausfall sofort Ihre Handlungsfähigkeit bedroht?
- Wo endet in Ihren Verträgen die juristische Absicherung und wo beginnt Ihre faktische, ungeschützte Abhängigkeit?
- Werden Entscheidungen über Outsourcing in Ihrem Unternehmen primär als operative Kostenfrage oder als strategische Risikowahl getroffen?
- Wären Sie heute in der Lage, eine fundierte unternehmerische Entscheidung zu treffen, wenn ein zentraler Cloud-Partner für 48 h offline geht?

2.8 Organisation als Risikofaktor

Wenn über Risiken im Kontext von NIS-2 gesprochen wird, richtet sich der Blick fast automatisch nach außen: auf Hackerangriffe, technische Schwachstellen oder die Ausfälle bei Dienstleistern. Diese Perspektive ist naheliegend, greift aber zu kurz. Denn das eigentliche Risiko entsteht in vielen Fällen nicht außerhalb, sondern innerhalb Ihrer eigenen Organisation. Nicht durch böse Absicht, sondern durch die Komplexität, die moderne Unternehmen selbst erzeugen.

Jede Organisation lebt von Arbeitsteilung, klaren Zuständigkeiten und Funktionsgruppen. Doch genau diese Mechanismen schaffen Übergänge, Schnittstellen und Abhängigkeiten, die im Alltag kaum sichtbar sind. Das Netz- und Informationssystemsicherheitsgesetz 2026 (NISG 2026) richtet den Fokus genau auf diese blinden Flecken – und zwar über die zentrale Frage der Steuerbarkeit. Wo Informationen verloren gehen, Verantwortung diffundiert oder Entscheidungen in Gremienschleifen zerrieben werden, entsteht ein massives Risiko, das keine technische Lösung der Welt kompensieren kann.

In der Praxis zeigt sich oft ein trügerisches Bild von Ordnung: Organigramme und Rollenbeschreibungen vermitteln den Eindruck, alles sei geregelt. Doch im Ernstfall, wenn Geschwindigkeit zählt, wird jede unklare Übergabe zur potenziellen Schwachstelle. Organisationen, die im Normalbetrieb effizient erscheinen, können im Ausnahmezustand überraschend handlungsunfähig werden, wenn die implizite Annahme herrscht, dass „jemand anderes" entscheiden wird. Das NISG 2026 fordert daher keine weiteren bürokratischen Prozesse, sondern radikale Klarheit darüber, wo Verantwortung endet und wo sie im Krisenfall bewusst gebündelt wird.

Organisation wird unter NIS-2 nicht mehr nur als Mittel zur Effizienz betrachtet, sondern als gestaltbarer Raum für Verantwortung. Wer seine Organisation so strukturiert, dass Entscheidungen auch unter extremem Druck möglich sind, macht sie von einem Risikofaktor zu einem Hebel für Resilienz.

Leadership-Impact: Governance als Organisationsauftrag (§§ 31 f NISG 2026)
Ganzheitlicher Ansatz: Gemäß § 32 Abs. 1 NISG 2026 müssen Ihre Risikomanagementmaßnahmen nicht nur technischer, sondern ausdrücklich auch operativer und organisatorischer Natur sein. Struktur schlägt Dokumentation: Die Behörde prüft im Rahmen der Aufsicht (§ 38), ob Ihre Strukturen eine tatsächliche Steuerung ermöglichen oder ob Verantwortung lediglich „auf dem Papier" existiert. Strukturelles Versagen: Wenn Entscheidungen blockiert werden, weil Zuständigkeiten zu kleinteilig verteilt sind, wertet NIS-2 dies nicht als individuellen Fehler, sondern als einen Mangel in der Führungskonstruktion (Governance), für den Sie als Leitungsorgan die Verantwortung tragen.

Management-Reflexion

Wo entstehen in Ihrer Organisation Übergaben, die im Ernstfall wertvolle Zeit kosten würden?
Gibt es in Ihrem Unternehmen Entscheidungen, die zwar vorbereitet, aber am Ende nie klar und nachvollziehbar getroffen werden?
Ist die Verantwortung für Cybersicherheit in Ihren Strukturen formal geregelt, aber faktisch so verdünnt, dass sich im Zweifel niemand zuständig fühlt?
Würde Ihre Organisation unter echtem Druck sofort entscheiden – oder erst einmal zeitaufwendig abstimmen?

2.9 Steuerbarkeit ist keine IT-Eigenschaft

Wenn im Zusammenhang mit NIS-2 von Steuerbarkeit gesprochen wird, denken viele Entscheider zuerst an Technik: an Dashboards, Monitoring-Systeme und Redundanzen. Diese Assoziation ist naheliegend, greift aber zu kurz. Denn Steuerbarkeit ist keine technische Eigenschaft, sondern eine organisatorische. Technik kann Informationen liefern, Zustände anzeigen und Optionen eröffnen; sie kann Prozesse beschleunigen und absichern. Doch Technik entscheidet nicht, sie priorisiert nicht und sie wägt keine unternehmerischen Zielkonflikte ab. Steuerbarkeit entsteht erst dort, wo Informationen in Entscheidungen übersetzt werden können und wo zweifelsfrei geklärt ist, wer diese Entscheidungen trifft.

In stabilen Zeiten erzeugen gute technische Systeme oft das trügerische Gefühl von Kontrolle. Doch unter dem NISG 2026 wird sichtbar, wie fragil diese Form der Kontrolle ist. Im Ausnahmezustand reicht reine Information nicht mehr aus, da Daten sich widersprechen und Szenarien kippen können. Echte Steuerbarkeit zeigt sich erst dann, wenn die Organisation in der Lage ist, handlungsfähig zu bleiben, auch wenn die Technik an ihre Grenzen stößt. Für die Geschäftsführung verschiebt sich der Blick daher weg von der Frage „Sind unsere Systeme gut genug?“ hin zur Frage „Ist unsere Entscheidungsfähigkeit gegeben?“.

Dies verlangt eine wirksame Governance. Governance wird oft als bürokratisches Hindernis missverstanden. Unter NIS-2 erfüllt sie jedoch ihre eigentliche Funktion: Sie ist der Rahmen, der Führung unter Unsicherheit erst ermöglicht. Sie definiert nicht starr, was in jedem Einzelfall zu tun ist, sondern wer entscheidet, wann eskaliert wird und wie Prioritäten gesetzt werden. Damit markiert dieses Verständnis den Übergang von der bloßen technischen Überwachung zur echten organisatorischen Steuerung. Unter NIS-2 entscheidet nicht die beste Technik über Ihre Handlungsfähigkeit, sondern die klarste Führung.

Leadership-Impact: Die Natur der Maßnahmen (§ 32 NISG 2026)

Der gesetzliche Auftrag: Das Gesetz verlangt Risikomanagementmaßnahmen ausdrücklich in technischer, operativer und organisatorischer Hinsicht.

Gefahrenübergreifender Ansatz: Die Maßnahmen müssen auf einem „All-Gefahren-Ansatz“ beruhen, der über rein digitale Aspekte hinausgeht und auch das physische Umfeld sowie die Lieferkette einschließt.

Verhältnismäßigkeit: Bei der Umsetzung müssen Sie das Ausmaß Ihrer Risikoexposition, die Größe der Einrichtung und die Wahrscheinlichkeit von Vorfällen gegen die Kosten der Umsetzung abwägen.

Management-Reflexion

An welchen Stellen verlassen Sie sich in Ihrem Unternehmen auf Technik, wo eigentlich eine klare Governance gefragt wäre?
Ist in Ihrem Haus definiert, wer entscheidet, wenn technische Informationssysteme widersprüchliche Signale liefern?
Gibt es bei Ihnen Entscheidungsräume, die schleichend durch automatisierte Prozesse ersetzt wurden, ohne dass die Letztverantwortung geklärt blieb?
Würde Ihre Organisation auch dann handlungsfähig bleiben, wenn Sie für 24 h keine „perfekten" Informationen aus Ihren Systemen erhalten würden?

2.10 Governance schlägt Technik

In vielen Unternehmen gilt Technik als der zentrale Hebel für Sicherheit und Kontrolle. Investitionen in modernste Systeme, Dashboards und Automatisierungstools werden oft als hinreichender Beweis für Handlungsfähigkeit missverstanden. Diese Maßnahmen sind zweifellos sinnvoll, doch das NISG 2026 macht eine klare Grenze sichtbar: Governance beginnt dort, wo Technik endet. Die Richtlinie interessiert sich weniger für technische Exzellenz an sich, sondern für die Fähigkeit einer Organisation, Risiken wirksam zu steuern. Steuerung wiederum ist kein technischer Vorgang, sondern ein Führungsprozess, der klare Entscheidungen und eindeutige Zuständigkeiten voraussetzt.

In der Praxis zeigt sich häufig ein paradoxes Bild: Je besser die technische Ausstattung, desto größer ist die gefährliche Erwartung, dass Probleme sich „von selbst" lösen. Führungskräfte verlassen sich auf Systeme, die frühzeitig warnen und Maßnahmen vorschlagen. Solange diese Signale eindeutig sind, funktioniert das Modell. Doch digitale Risiken sind selten eindeutig; Bewertungen ändern sich, und Auswirkungen lassen sich oft nur schätzen. Hier trennt sich Technik von Governance: Governance beantwortet nicht die Frage, welche Information „richtig" ist, sondern wer entscheidet, wenn die Informationen widersprüchlich oder unvollständig sind. Sie legt fest, wie mit Unsicherheit umgegangen wird und welche Prioritäten im Ernstfall gelten.

Wer in kritischen Situationen auf technische Eindeutigkeit wartet, verliert wertvolle Zeit. Governance schafft die strukturellen Voraussetzungen, um auch ohne perfekte Datenlage handlungsfähig zu bleiben. Ein entscheidendes Element ist dabei die saubere Trennung zwischen Information und Entscheidung: Technik liefert die Grundlage, Governance definiert den Prozess der Bewertung und Übersetzung in verbindliche Handlungen. Ohne diese Trennung entstehen gefährliche Grauzonen, in denen Entscheidungen implizit durch Nichtstun oder operative Routinen getroffen werden, die für einen Ausnahmezustand nie gedacht waren.

Gute Governance reduziert Komplexität, statt sie durch zusätzliche Regeln zu erhöhen. Sie schafft Klarheit darüber, welche Entscheidungen zentral beim Leitungsorgan getroffen werden müssen und welche Aufgaben dezentral bleiben können. Für die Geschäftsführung bedeutet dies eine klare Prioritätensetzung: Während Investitionen in Technik notwendig sind, sind Investitionen in Governance entscheidend. Sie bestimmen letztlich, ob Ihre Technik echte Wirkung entfaltet oder lediglich Daten produziert. Unter NIS-2 ist Führung der ausschlaggebende Faktor für die Steuerbarkeit – die Technik folgt dieser Führung, nicht umgekehrt.

Leadership-Impact: Risikomanagement ist Führungsaufgabe (§ 32 NISG 2026)

Der gesetzliche Fokus: Gemäß § 32 Abs. 1 NISG 2026 müssen Maßnahmen „geeignet und verhältnismäßig“ sein, um Risiken zu beherrschen. Diese Angemessenheit ist keine technische, sondern eine unternehmerische Entscheidung.

Governance als Schutz: Eine klare Governance-Struktur dient als Nachweis, dass Sie Ihrer Aufsichtspflicht nach § 31 nachgekommen sind. Sie belegt, dass Entscheidungen methodisch und verantwortungsvoll getroffen wurden, selbst wenn das Ergebnis nicht perfekt war.

Investitionspflicht: Das Gesetz verpflichtet Sie zur Umsetzung organisatorischer Maßnahmen. Das bedeutet, Budget und Ressourcen müssen primär in die Entscheidungsstrukturen und die Qualifikation der handelnden Personen fließen, nicht nur in Softwarelizenzen.

Management-Reflexion

An welchen Stellen verlassen Sie sich in Ihrem Unternehmen auf Technik, wo eigentlich eine klare Governance-Entscheidung gefragt wäre?
Ist in Ihrer Organisation zweifelsfrei definiert, wer das letzte Wort hat, wenn technische Überwachungssysteme widersprüchliche Signale liefern?
Gibt es Entscheidungsräume, die schleichend durch starre IT-Prozesse ersetzt wurden und damit Ihre unternehmerische Flexibilität einschränken?
Wäre Ihr Board in der Lage, auf Basis unvollständiger oder widersprüchlicher Informationen eine tragfähige Entscheidung zu fällen, ohne in zeitraubende Abstimmungsschleifen zu verfallen?

2.11 Entscheidungsräume sichtbar machen

In vielen Organisationen wird stillschweigend davon ausgegangen, dass Entscheidungen dort getroffen werden, wo sie vorbereitet werden. Fachbereiche analysieren, bewerten und empfehlen – die Führung gibt am Ende lediglich frei. Dieses Modell funktioniert reibungslos, solange Entscheidungen innerhalb bekannter Parameter bleiben. Unter dem NISG 2026 wird diese Annahme jedoch problematisch, sobald Unsicherheit ins Spiel kommt. Unsicherheit verändert die Natur von Entscheidungen fundamental: Wenn Informationen unvollständig sind und Auswirkungen nur abgeschätzt werden können, reichen fachliche Empfehlungen nicht mehr aus. Entscheidungen verlangen dann eine aktive unternehmerische Abwägung, Priorisierung und Risikoakzeptanz.

Genau an diesem Punkt zeigt sich, ob Ihre Entscheidungsräume klar definiert sind oder bisher nur implizit existiert haben. Organigramme und Stellenbeschreibungen vermitteln oft eine trügerische Klarheit. In der Praxis werden Entscheidungsräume meist erst hinterfragt, wenn sie unter Zeitdruck dringend benötigt werden – und dann ist es oft zu spät. Das NISG 2026 zwingt Sie dazu, diese Übergänge vorab strukturell zu gestalten. Ein wirksamer Entscheidungsraum beschreibt nicht nur, wer entscheidet, sondern auch, worüber unter welchen Bedingungen entschieden wird.

Für Sie als Leitungsorgan bedeutet das: Sie müssen die Unterscheidung zwischen operativen und unternehmerischen Konsequenzen strukturell verankern. Solange Konsequenzen im operativen Bereich bleiben, kann delegiert werden. Sobald jedoch Reputation, strategische Handlungsfähigkeit oder regulatorische Positionen bedroht sind, muss die Eskalation zwingend erfolgen. Das Sichtbarmachen dieser Räume verhindert Stillstand und entlastet die gesamte Organisation, da Fachbereiche genau wissen, wann sie liefern müssen und wann sie loslassen können. Führung zeigt sich hier nicht darin, immer recht zu haben, sondern Verantwortung zu übernehmen, wenn Klarheit fehlt.

Leadership-Impact: Governance ist Entscheidungsdesign (§ 31 NISG 2026)

Die Überwachungspflicht: Gemäß § 31 Abs. 1 NISG 2026 müssen Leitungsorgane die Einhaltung der Maßnahmen nicht nur sicherstellen, sondern beaufsichtigen. Das setzt voraus, dass Sie die Grenzen Ihrer Entscheidungsräume kennen.

Definition Leitungsorgan: Das Gesetz meint damit jene Personen, die zur Führung der Geschäfte berufen sind. Ein CISO kann technische Empfehlungen geben, aber den unternehmerischen Entscheidungsraum rechtlich nicht ausfüllen.

Handlungsfähigkeit: Das Gesetz erwartet keine optimalen, sondern zeitgerechte und nachvollziehbare Entscheidungen.

Management-Reflexion

Sind die Entscheidungsräume in Ihrem Board klar definiert oder verlassen Sie sich auf implizite Annahmen?

Wissen Ihre Fachbereiche zweifelsfrei, ab welcher Schadensschwelle sie eine Entscheidung nach oben delegieren müssen?

Gibt es bei Ihnen Entscheidungen, die regelmäßig „liegen bleiben", weil die Zuständigkeit zwischen Fachbereich und Management diffus ist?

Würden Ihre definierten Entscheidungsräume auch unter dem extremen Zeitdruck eines Ransomware-Angriffs standhalten?

2.12 Eskalation, Priorisierung und Führungsklarheit

Eskalation hat in vielen Unternehmen einen schlechten Ruf und gilt oft als Zeichen von Überforderung oder Störung effizienter Abläufe. Man möchte Themen „unten" lösen. Unter dem NISG 2026 wird genau diese Haltung zum strategischen Risiko. Denn Eskalation ist hier kein Ausnahmezustand, sondern ein bewusst eingesetztes Führungsinstrument. Sie markiert den notwendigen Übergang von der rein fachlichen Bearbeitung zur unternehmerischen Richtungsentscheidung. Wenn Fachbereiche zögern, Unsicherheit nach oben zu tragen, entsteht eine Lücke, in der kritische Entscheidungen einfach liegen bleiben.

Das Gesetz macht diese Lücke sichtbar, indem es Handlungsfähigkeit unter Unsicherheit verlangt. Eskalation bedeutet dabei nicht, ein Problem einfach weiterzureichen, sondern Verantwortung dort zu bündeln, wo sie rechtlich und wirtschaftlich getragen werden kann. Dies setzt voraus, dass Eskalationspunkte konkret definiert sind: Ab wann wird gemeldet? Welche Kriterien gelten? Eng damit verbunden ist die Priorisierung. Unter Druck konkurrieren unzählige Themen um Aufmerksamkeit; nicht alles kann gleichzeitig gelöst werden. Die Festlegung, welche Risiken akzeptiert werden und welche nicht, ist keine operative Detailfrage, sondern eine zentrale Führungsentscheidung.

Führungsklarheit entsteht unter NIS-2 nicht durch umfangreiche Dokumente, sondern durch konsistentes Handeln. Wenn Sie Eskalation sanktionieren, wird sie vermieden; wenn Sie Prioritäten nicht erklären, werden sie infrage gestellt. Das NISG 2026 macht diese Konsistenz überprüfbar. Wer frühzeitig eskaliert, behält den notwendigen Gestaltungsspielraum. Führungsklarheit zeigt sich darin, festzulegen, welche Entscheidungen wann auf welcher Ebene getroffen werden – und im entscheidenden Moment sichtbar zu sein.

Leadership-Impact: Die Meldekette als Führungssignal (§ 34 NISG 2026)

Reaktionsfähigkeit: Das Gesetz bewertet nicht nur technische Maßnahmen, sondern explizit die Reaktionsfähigkeit der Organisation.

Unterstützung durch CSIRTs: Bei einem erheblichen Vorfall erhalten Sie vom zuständigen CSIRT innerhalb von 24 h eine erste Rückmeldung und operative Beratung (§ 34 Abs. 4). Dies entbindet Sie jedoch nicht von der Pflicht zur internen Priorisierung.

Gefahrenübergreifender Ansatz: Gemäß § 32 Abs. 4 müssen Ihre Maßnahmen auch die Bewältigung von Cybersicherheitsvorfällen und das Krisenmanagement umfassen. Das bedeutet: Eskalationspfade müssen bis in die oberste Leitungsebene vordefiniert sein.

Management-Reflexion

Wann wurde in Ihrem Unternehmen zuletzt bewusst ein Risiko eskaliert und wie wurde darauf reagiert – mit Einordnung oder mit Schuldzuweisung?

Sind Ihre Eskalationspunkte für Cybersicherheit so konkret wie Ihre finanziellen Freigabegrenzen?

Nach welchen Kriterien priorisieren Sie, wenn mehrere kritische Risiken gleichzeitig Ihre Aufmerksamkeit fordern?

Ist Ihre Führung in Eskalationssituationen für die Mitarbeiter als stabilisierende Kraft sichtbar oder ziehen Sie sich in dieser Phase eher zurück?

Ihr Transfer in die Praxis

Wissen Sie, welche Cyber-Entscheidungen Sie sich als Leitung explizit vorbehalten – oder entscheiden Sie erst, wenn der Fall eintritt?

Nehmen Sie Ihre Überwachungsverantwortung bewusst wahr – oder erfüllen Sie sie, indem Sie Berichte abnicken?

Ist für Ihre Organisation geklärt, ob sie wesentliche oder wichtige Einrichtung ist – oder wird diese Frage erst beantwortet, wenn eine Behörde sie stellt?

Tragen Sie die Risikolage Ihrer kritischen Dienstleister mit – oder nur an?

Würde Ihre Verantwortungsverteilung im ersten echten Vorfall tragen – oder sichtbar in sich zusammenfallen?

3 Teil II – Implement: Management-Reflexion und Entscheidungsreife

> **Was Sie aus diesem Kapitel mitnehmen:**
>
> Wie wird aus regulatorischer Verpflichtung strukturierte Entscheidungsfähigkeit?
> Welche organisatorischen Voraussetzungen sichern belastbare Risikoabwägung?
> Wie werden Zielkonflikte unter Unsicherheit bewusst entschieden?
> Wie wird Risikoakzeptanz nachvollziehbar dokumentiert?
> Welche Rolle spielt kontinuierliche Überwachung für Haftungsstabilität?

3.1 Warum Umsetzung ohne Entscheidungsmacht scheitert

Nach der strategischen Einordnung herrscht in vielen Boards ein trügerisches Gefühl von Klarheit. Die Rollen sind verstanden, die Verantwortung ist verortet und die Systemzusammenhänge sind sichtbar. Es entsteht der Impuls, nun sofort „in die Umsetzung" zu gehen. Doch genau hier scheitern viele Organisationen – nicht am mangelnden Fleiß, sondern weil sie versuchen umzusetzen, ohne vorher die Entscheidungsmacht zu klären.

F. Kopp, *Quick Guide NIS-2 in Österreich*, Quick Guide, https://doi.org/10.1007/978-3-658-52049-6_3

Umsetzung wird oft mit reiner Aktivität verwechselt: Projekte werden gestartet, Dienstleister beauftragt und Roadmaps erstellt. Doch unter der Oberfläche bleibt die entscheidende Frage unbeantwortet: Wer darf eigentlich entscheiden, wenn die Umsetzung an Grenzen stößt?

Das NISG 2026 macht diese Frage unumgänglich, da Implementierung kein linearer Prozess ist. Sie verläuft entlang von Zielkonflikten und Prioritäten. Jede Sicherheitsmaßnahme impliziert eine Entscheidung darüber, welches Risiko akzeptiert wird und welches nicht. Ohne klare Entscheidungsmacht wird Umsetzung zum bloßen Aktionismus. Fachbereiche arbeiten engagiert an Konzepten, doch sobald eine Entscheidung unter Unsicherheit nötig wird, stockt der Prozess, weil niemand die Verantwortung für die Konsequenzen übernehmen darf. Das Gesetz verlangt gemäß § 31 Abs. 1, dass Leitungsorgane die Einhaltung der Maßnahmen nicht nur sicherstellen, sondern aktiv beaufsichtigen. Damit wird klargestellt: Wer umsetzt, ohne entscheiden zu dürfen, arbeitet im luftleeren Raum. Implementierung beginnt daher nicht bei der Auswahl von Software, sondern bei der Definition von Entscheidungskompetenzen.

Leadership-Impact: Governance als Hebel (§ 31 NISG 2026)
Die Führungsverantwortung: Die Implementierung von Maßnahmen ist kein reines IT-Projekt. Sie als Leitungsorgan müssen die entsprechenden Richtlinien und Vorgaben explizit billigen.

Wirksamkeit statt Bemühung: Das Gesetz verlangt „Wirksamkeit" (§ 32 Abs. 1), keine bloßen Bemühungen. Wirksamkeit entsteht nur durch Entscheidungen, die von der Unternehmensspitze getragen werden.

Strukturvorgabe: Ohne die Kopplung von Verantwortung und Entscheidungsmacht bleibt die Implementierung eine „Simulation".

Management-Reflexion

Wer in Ihrer Organisation hat die Kompetenz, bei einem Zielkonflikt (z. B. Sicherheit vs. Benutzerfreundlichkeit) eine verbindliche Entscheidung zu treffen?

Sind Ihre Implementierungsteams mit der nötigen Autorität ausgestattet, um Ressourcen über Abteilungsgrenzen hinweg zu mobilisieren?

Haben Sie bereits definiert, welche Entscheidungen Sie bewusst delegieren und welche zwingend auf Ihrer Ebene verbleiben müssen?

3.2 Was „angemessene Maßnahmen" wirklich bedeuten

„Angemessene Maßnahmen" ist der zentrale Begriff des NISG 2026, der oft missverstanden wird. Er klingt nach einem vernünftigen Mittelmaß, ist jedoch keine rein fachliche Kategorie, sondern eine unternehmerische Entscheidung. Viele Unternehmen versuchen, Angemessenheit rein technisch über Standards oder Benchmarks zu definieren. Doch das Gesetz verlangt nicht, dass Ihre Maßnahmen lediglich branchenüblich sind; sie müssen zu Ihrer spezifischen Risikolage passen. Diese Lage ergibt sich aus Ihrem Geschäftsmodell, Ihren Abhängigkeiten und Ihrer individuellen Risikobereitschaft.

Angemessenheit lässt sich daher nicht delegieren. Fachbereiche können technische Machbarkeit und Aufwand bewerten, doch die Antwort auf die Frage „Reicht das?" ist unternehmerischer Natur. Wer entscheidet, welches Risiko für das Unternehmen tragbar ist? Wer trägt die Konsequenzen, wenn sich eine Maßnahme im Nachhinein als unzureichend erweist? Das NISG 2026 gibt in § 32 Abs. 2 und 3 einen klaren Kriterienkatalog vor, der Sie bei dieser Entscheidung leitet: den Stand der Technik, die Kosten der Umsetzung und vor allem das Ausmaß Ihrer Risikoexposition. Angemessenheit ist dabei keine statische Eigenschaft, sondern ein dynamischer Prozess. Was heute ausreicht, kann morgen durch eine veränderte Bedrohungslage unzureichend sein.

Leadership-Impact: Die Messlatte für Angemessenheit (§ 32 NISG 2026)

Gesetzliche Kriterien: Sie müssen bei der Festlegung der Maßnahmen den Stand der Technik, einschlägige Normen und die Implementierungskosten berücksichtigen.

Proportionalität: Das Gesetz verlangt eine Abwägung basierend auf der Größe Ihrer Einrichtung, der Wahrscheinlichkeit von Vorfällen und deren potenzieller Schwere für Wirtschaft und Gesellschaft.

Handlungsfähigkeit: Maßnahmen sind nur dann angemessen, wenn sie die Handlungsfähigkeit im Ernstfall tatsächlich sicherstellen. Papiertiger erfüllen diese Anforderung nicht.

Management-Reflexion

Wer legt in Ihrem Unternehmen verbindlich fest, was als „angemessen" gilt – die IT-Leitung oder die Geschäftsführung?

Basieren Ihre Sicherheitsinvestitionen auf einer individuellen Risikoanalyse oder folgen Sie lediglich allgemeinen Branchenstandards?

Sind Sie in der Lage, gegenüber der Behörde nachzuweisen, warum Sie bestimmte Risiken akzeptiert und andere priorisiert haben?

3.3 Risikoakzeptanz als Führungsentscheidung

In vielen Köpfen herrscht die Vorstellung, dass Cybersicherheit das Ziel hat, Risiken vollständig zu eliminieren. Im Kontext des NISG 2026 führt dieses Denken in eine Sackgasse. Das Gesetz geht davon aus, dass Risiken niemals null sein werden. Sie müssen nicht vermieden, sondern bewusst gesteuert und getragen werden. Risikoakzeptanz ist damit kein technischer Restposten, sondern der Kern Ihrer Führungsaufgabe. In der Vergangenheit wurde das „Restrisiko" oft stillschweigend hingenommen, solange nichts passierte. Unter dem NISG 2026 muss diese Akzeptanz jedoch nachvollziehbar und verantwortet sein.

Akzeptanz ist keine Gleichgültigkeit; sie ist das Ergebnis einer bewussten Abwägung von Wahrscheinlichkeiten, Schadenshöhen und wirtschaftlichen Auswirkungen. Da diese Abwägungen oft technische, regulatorische und reputative Dimensionen gleichzeitig betreffen, können sie nicht an Fachbereiche delegiert werden. Diese können die Risiken beschreiben, aber sie können nicht entscheiden, welche Unsicherheit das Unternehmen bereit ist zu tragen. Wenn Sie diesen Rahmen nicht klar vorgeben, riskieren Sie entweder eine gefährliche Sorglosigkeit oder eine lähmende Übersteuerung der Organisation durch zu komplexe Prozesse.

Leadership-Impact: Bewusstes Risikomanagement ([1] § 32 NISG 2026)
Gefahrenübergreifender Ansatz: Das Gesetz verlangt Maßnahmen, um Risiken für die Sicherheit Ihrer Netz- und Informationssysteme zu „beherrschen".

Leitplanken: Als Leitungsorgan müssen Sie Leitplanken definieren: Welche Risiken sind unter keinen Umständen akzeptabel?

Verantwortung tragen: NIS-2 schützt Sie nicht vor Vorfällen, aber es schützt Sie vor dem Vorwurf der Fahrlässigkeit, wenn Sie nachweisen können, dass Ihre Risikoakzeptanz auf einer fundierten unternehmerischen Abwägung beruhte.

Management-Reflexion

Welche Risiken akzeptiert Ihr Unternehmen aktuell nur stillschweigend, ohne dass darüber ein förmlicher Beschluss vorliegt?
Haben Sie klare Schwellenwerte definiert, ab denen ein Restrisiko zwingend dem Vorstand zur Genehmigung vorgelegt werden muss?
Wäre Ihre heutige Risikobereitschaft im Falle eines massiven Vorfalls auch im Nachhinein für einen Dritten noch als verantwortungsvoll nachvollziehbar?

3.4 Priorisierung statt Vollständigkeit

Die Angst vor Lücken treibt viele Organisationen dazu, alles gleichzeitig implementieren zu wollen. Der Anspruch auf Vollständigkeit ist jedoch einer der häufigsten Gründe, warum die Umsetzung des NISG 2026 ins Stocken gerät. Vollständigkeit ist kein erreichbares Ziel – Priorisierung hingegen ist eine wesentliche Führungsleistung. Das Gesetz verlangt keine perfekte, lückenlose Umsetzung ab dem ersten Tag, sondern wirksame Entscheidungen und einen nachvollziehbaren Fortschritt. Fortschritt wird an der Wirkung gemessen, nicht an der reinen Aktivität oder der Länge von Maßnahmenlisten.

Priorisierung bedeutet, bewusst zu entscheiden, was man – zumindest vorerst – nicht tut. Dies erfordert Führungsreife, da unvollständige Maßnahmen oft wie offene Flanken wirken und Unsicherheit erzeugen. Doch wer versucht, alles gleichzeitig zu adressieren, riskiert eine Überlastung der Ressourcen, bei der am Ende nichts wirklich abgeschlossen wird. Eine wirksame Strategie konzentriert sich auf jene Maßnahmen, die die Handlungsfähigkeit im Ernstfall massiv erhöhen oder systemische Risiken signifikant reduzieren. Für die Geschäftsführung bedeutet das, Prioritäten nicht im Detail, sondern auf der Ebene von Leitplanken festzulegen: Was hat Vorrang? Wo ist ein bewusstes „Noch nicht" vertretbar?

Leadership-Impact: Die „Fallen" der Umsetzung (§ § 33, 35 NISG 2026)

Relevanzprüfung: Gemäß § 35 Abs. 2 sind bei der Beurteilung von Vorfällen Faktoren wie die Abhängigkeit anderer Sektoren und die Schwere der Auswirkungen maßgeblich. Nutzen Sie diese Kriterien auch für Ihre interne Priorisierung.

Dynamik: Priorisierung ist kein einmaliger Akt. Das Gesetz verlangt eine regelmäßige Überprüfung der Maßnahmen auf ihre Wirksamkeit (§ 32 Abs. 4 lit. f).

Signale setzen: Klare Prioritäten schaffen Vertrauen bei Mitarbeitenden und Partnern, während Unklarheit trotz hoher Aktivität lähmend wirkt.

Management-Reflexion

Welche drei Maßnahmen haben in Ihrem Unternehmen aktuell die höchste Priorität und können Sie diese Wahl unternehmerisch begründen?

Gibt es Projekte, die Sie aktuell nur verfolgen, um „Vollständigkeit" zu suggerieren, ohne dass sie einen echten Beitrag zur Resilienz leisten?

Wie gehen Sie mit der „Angst vor der Lücke" um – wird sie in Ihrem Board offen thematisiert oder durch blinden Aktionismus überdeckt?

3.5 Struktur schlägt Maßnahmen

Viele NIS-2-Projekte beginnen mit langen Listen technischer Maßnahmen. Dieser Ansatz ist greifbar und erzeugt sichtbare Ergebnisse, doch er ist oft zum Scheitern verurteilt. Maßnahmen wirken nämlich nur dort dauerhaft, wo eine tragfähige Struktur existiert. Ohne diese Einbettung bleiben technische Lösungen isoliert und versanden im Arbeitsalltag. Das NISG 2026 fragt nicht nach einzelnen Tools, sondern nach der Dauerhaftigkeit und Anschlussfähigkeit Ihrer Sicherheitsarchitektur. Struktur bedeutet hier: Wie werden Entscheidungen getroffen, wie fließen Informationen und wer lebt die Verantwortlichkeiten tatsächlich?

Maßnahmen ohne Struktur sind wie Werkzeuge ohne Werkbank: vorhanden, aber kaum effektiv nutzbar. In der Praxis führt das dazu, dass Prozesse zwar dokumentiert sind, die Organisation im Ernstfall aber dennoch unsicher bleibt, weil Entscheidungslogiken fehlen. Das Gesetz verschiebt den Fokus daher weg von reinen Werkzeugen hin zu deren struktureller Verankerung. Struktur entsteht nicht durch zusätzliche Regeln, sondern durch Klarheit. Je mehr Maßnahmen Sie ohne dieses Fundament einführen, desto höher wird die Komplexität und desto geringer die tatsächliche Wirksamkeit.

Leadership-Impact: Die Architektur der Resilienz (§ 32 NISG 2026)
Gesetzliche Vorgabe: Maßnahmen müssen in technischer, operativer und organisatorischer Hinsicht umgesetzt werden. Die organisatorische Komponente ist das Gerüst für alles Weitere.

Aufsichtsfokus: Die Behörde prüft bei Kontrollen gemäß § 38, ob Ihre Maßnahmen in die bestehenden Entscheidungslogiken integriert sind oder als Fremdkörper wirken.

Nachhaltigkeit: Struktur ist die Voraussetzung dafür, dass Implementierung skalierbar wird und auch bei nachlassender Aufmerksamkeit trägt.

Management-Reflexion

Sind Ihre Sicherheitsmaßnahmen so in die Geschäftsabläufe integriert, dass sie auch dann funktionieren, wenn das Thema Cybersicherheit gerade nicht im Fokus steht?

Haben Sie Strukturen geschaffen, die einen automatisierten Informationsfluss von der IT-Ebene bis in das Board sicherstellen?

Wo in Ihrem Unternehmen kompensieren Sie aktuell strukturelle Schwächen (z. B. unklare Zuständigkeiten) durch immer neue technische Tools?

3.6 Verantwortung verankern statt benennen

In vielen Organisationen gilt Verantwortung als geklärt, sobald sie in einem Organigramm benannt wurde. Doch auf dem Papier stehende Zuständigkeit ist nicht gleichbedeutend mit gelebter Verantwortung. Das NISG 2026 macht diesen Unterschied schmerzhaft deutlich, da es nicht nach formalen Zuweisungen, sondern nach der Wirksamkeit der Verantwortung fragt. Wirksamkeit entsteht erst durch Verankerung: Verantwortung muss Teil der täglichen Entscheidungs- und Handlungspraxis sein. Wenn Zuständigkeiten verteilt werden, ohne sie mit den nötigen Ressourcen, der Zeit oder der echten Autorität zu hinterlegen, entsteht eine gefährliche Schieflage.

Unter NIS-2 wird diese Schieflage in Situationen der Unsicherheit zum massiven Risiko. Wer Verantwortung trägt, muss in der Lage sein zu entscheiden – auch wenn Informationen unvollständig sind. Wer Verantwortung nur formal trägt, wird im Ernstfall zögern oder versuchen, sie sofort zu eskalieren, statt innerhalb seines Rahmens zu handeln. Verantwortung zu verankern bedeutet daher, sie konsequent mit Entscheidungsmacht zu koppeln. Wo diese Kopplung fehlt, entstehen Frustration in den Fachbereichen und ein strategisches Vakuum an der Spitze. Das Gesetz zwingt Sie dazu, diese Verbindung dort sichtbar zu machen, wo Risiken bewertet und priorisiert werden.

Leadership-Impact: Verantwortungsdesign (§ 31 NISG 2026)
Überwachungspflicht: Als Leitungsorgan sind Sie verpflichtet, die Einhaltung der Maßnahmen zu beaufsichtigen. Das bedeutet, Sie müssen sicherstellen, dass die von Ihnen Beauftragten auch faktisch handlungsfähig sind.

Ressourcenbereitstellung: Die Benennung von Verantwortlichen ohne ausreichende Kapazitäten gilt als Verletzung Ihrer Aufsichtspflicht.

Personenunabhängigkeit: Verantwortung muss strukturell so verankert sein, dass sie auch bei Personalwechseln oder Abwesenheiten stabil bleibt.

Management-Reflexion

In welchen Bereichen Ihrer Organisation ist Verantwortung zwar formal benannt, aber faktisch nicht mit der nötigen Entscheidungsmacht ausgestattet?

Fühlen sich Ihre Fachverantwortlichen (z. B. der CISO) durch Ihre Führungsebene bei schwierigen Entscheidungen wirklich gedeckt?

Haben Sie Stellen geschaffen, die das Gesamtbild Ihrer Cyber-Resilienz integrierend im Blick behalten, statt Verantwortung in isolierten Teilbereichen zu fragmentieren?

3.7 Schnittstellen, Übergaben und Reibungsverluste

Risiken entstehen oft nicht dort, wo eine Information fehlt, sondern dort, wo sie übergeben wird. In jeder Organisation wandern Aufgaben und Informationen von einer Rolle zur nächsten. Jede dieser Schnittstellen ist funktional notwendig, erzeugt jedoch Reibung. Ungestaltete Schnittstellen werden unter NIS-2 zu massiven Risikozonen, da sie über Geschwindigkeit und Klarheit im Ernstfall entscheiden. Wo Übergaben unklar sind, gehen Informationen verloren, werden verzerrt oder die Verantwortung verdünnt sich bis zur Unkenntlichkeit.

Im Normalbetrieb mögen formale Zuständigkeitsabgrenzungen ausreichen. Doch das NISG 2026 verlangt Reaktionsfähigkeit, und diese scheitert selten am Fachwissen, sondern an schlecht gestalteten Handlungsübergängen. Reibungsverluste entstehen insbesondere dann, wenn Informationen übergeben werden, ohne dass klar ist, was der Empfänger damit tun soll und welche Entscheidungsmacht nun bei ihm liegt. Zeit ist unter NIS-2 ein kritischer Faktor; je länger Informationen ergebnislos zirkulieren, desto größer wird das Risiko. Ein wirksames Schnittstellendesign muss daher klar beantworten: Was wird übergeben, an wen und was ist das erwartete Ergebnis nach der Übergabe?

Leadership-Impact: Koordination und Kommunikation (§ § 17 ff NISG 2026)

IKT-Lösungen: Das Gesetz sieht Plattformen (wie die IKDOK-Plattform) vor, um den Informationsfluss zu koordinieren. Nutzen Sie dieses Prinzip auch intern: Schaffen Sie digitale Räume für den Austausch.

Zusammenarbeit: Gemäß § 20 ist die Zusammenarbeit auf nationaler Ebene gesetzlich verankert. Dies unterstreicht die Bedeutung fließender Schnittstellen über die eigene Organisation hinaus.

Geheimhaltung: Da an Schnittstellen oft sensible Informationen fließen, verpflichtet das Gesetz Teilnehmer an Koordinationsstrukturen zur Geheimhaltung (§ 14 Abs. 3).

Management-Reflexion

Wo in Ihrer Organisation enden Übergaben regelmäßig in einem „Vakuum", bei dem unklar bleibt, wer den nächsten Schritt tun muss?
Sind Ihre kritischen Schnittstellen mit einer klaren Handlungslogik hinterlegt oder dienen sie nur der reinen Informationsweitergabe?
Wie viel Zeit vergeht in Ihrem Unternehmen typischerweise zwischen dem Erkennen eines technischen Problems und der unternehmerischen Bewertung durch das Management?

3.8 Umsetzung braucht Rückendeckung

Viele Umsetzungsinitiativen scheitern nicht an mangelndem Know-how, sondern an fehlender Rückendeckung. Cybersicherheit erfordert unter NIS-2 zwangsläufig Entscheidungen unter Unsicherheit, die in bestehende Abläufe eingreifen und Reibung erzeugen. Wer solche Maßnahmen verantwortet, setzt sich fachlich und politisch aus. Ohne die explizite Rückendeckung der Führungsebene wird diese Rolle schnell zur persönlichen Risikozone, was zu defensivem Verhalten führt: Entscheidungen werden abgesichert, verzögert oder nach oben eskaliert, statt sie mutig umzusetzen.

Rückendeckung ist kein weiches Führungsthema, sondern eine strukturelle Voraussetzung für Wirksamkeit. Sie ist das Signal, dass der Widerstand gegen Veränderungen Teil des Prozesses ist und nicht individuell sanktioniert wird. In vielen Unternehmen wird diese Unterstützung nur implizit vorausgesetzt, doch unter Druck zeigt sich oft, dass sie nicht trägt. Das NISG 2026 verlangt, dass Verantwortliche wissen, dass ihre Entscheidungen auch dann getragen werden, wenn sie unbequem sind oder kurzfristig negative Effekte haben. Echte Rückendeckung zeigt sich im Umgang mit Kritik und Fehlern: Werden Verantwortliche im Konfliktfall gestärkt oder allein gelassen?

Leadership-Impact: Die Verantwortungsgemeinschaft (§ § 31, 39 NISG 2026)

Gemeinsames Tragen: Verantwortung unter NIS-2 bedeutet, diese gemeinsam zu tragen. Das Gesetz sieht vor, dass Leitungsorgane Maßnahmen billigen und überwachen müssen.

Das Signal nach außen: Rückendeckung schafft Kohärenz, die auch für externe Partner und Aufsichtsstellen sichtbar ist. Eine zerrissene Führungsebene schwächt die regulatorische Position.

Drastische Folgen: Wenn die Umsetzung durch mangelnde Unterstützung scheitert, droht bei wesentlichen Einrichtungen gemäß § 39 Abs. 4 Z 2 die vorübergehende Untersagung der Leitungsaufgaben. Dies ist das ultimative Argument für aktive Rückendeckung.

Management-Reflexion

An welcher Stelle Ihrer Organisation übernehmen Mitarbeitende aktuell Verantwortung, ohne dass sie sich Ihrer vollen Unterstützung sicher sein können?

Wie reagiert Ihr Board auf unbequeme Sicherheitsentscheidungen, die kurzfristig die Produktivität einschränken?

Ist Ihre Rückendeckung für das Cybersicherheitsteam explizit kommuniziert oder wird sie lediglich als „selbstverständlich" angenommen?

3.9 Dokumentation ist kein Selbstzweck

Kaum ein Thema erzeugt so viel Abwehr wie Dokumentation. Sie gilt oft als lästige Pflichtübung für Wirtschaftsprüfer oder als Beschäftigungstherapie. Doch unter dem NISG 2026 ist Dokumentation kein Beweis von Fleiß, sondern ein entscheidendes Instrument Ihrer Führungsfähigkeit. Sie dient nicht dazu, eine theoretische „Soll-Welt" zu beschreiben, die im Ernstfall ohnehin nicht trägt, sondern sie soll sichtbar machen, wie und warum Entscheidungen in der Realität getroffen wurden.

Dokumentation dient der inneren Kohärenz und zwingt die Organisation, Entscheidungslogiken explizit zu machen, statt sie implizit wirken zu lassen. Wirksame Dokumentation entsteht begleitend zum Entscheidungsprozess, nicht erst nachträglich als Rechtfertigung. Sie schafft Transparenz über Verantwortlichkeiten und ist die „Erinnerung" der Organisation, die im Nachhinein eine Einordnung ermöglicht. Damit ist Dokumentation unter NIS-2 der Beleg dafür, dass Führung tatsächlich stattgefunden hat.

Leadership-Impact: Nachweispflichten (§ § 33 f NISG 2026)
Nachweis der Wirksamkeit: Gemäß § 33 Abs. 2 müssen Sie die Umsetzung der Maßnahmen auf Aufforderung nachweisen können. Ohne Dokumentation existiert die Maßnahme für die Behörde faktisch nicht.

Meldewesen: Die Berichtspflichten gemäß § 34 verlangen strukturierte Berichte (Frühwarnung, Zwischenbericht, Abschlussbericht), die eine präzise Dokumentation des Vorfallsverlaufs voraussetzen.

Prüfbericht: Der Nachweis muss durch einen Prüfbericht erfolgen, der von Ihnen als Leitungsorgan sowie den eingesetzten unabhängigen Prüfern persönlich unterzeichnet werden muss (§ 33 Abs. 3).

Management-Reflexion

Dient die aktuelle Dokumentation in Ihrem Unternehmen primär der Absicherung nach außen oder unterstützt sie tatsächlich Ihre internen Entscheidungsprozesse?
Wie schnell könnten Sie im Ernstfall auf dokumentierte Entscheidungslogiken zugreifen, um Ihr Handeln gegenüber Dritten zu erklären?
Werden in Ihrer Organisation Entscheidungen schriftlich festgehalten, während sie getroffen werden, oder erfolgt die Dokumentation meist erst Wochen später?

3.10 Entscheiden heißt festhalten

In vielen Organisationen wird Entscheidung mit Handlung gleichgesetzt: Etwas wird getan, und damit gilt es als entschieden. Die Entscheidung selbst bleibt dabei oft unsichtbar und implizit. Unter dem NISG 2026 wird diese Unsichtbarkeit zum Problem, da Nachvollziehbarkeit nicht allein aus dem Ergebnis entsteht, sondern aus dem Festhalten der zugrunde liegenden Logik. Entscheiden bedeutet unter NIS-2 auch, zu markieren: dass eine Abwägung stattgefunden hat, welche Optionen verworfen wurden und welches Risiko bewusst akzeptiert wurde.

Viele Unternehmen vermeiden dieses Festhalten, weil es Entscheidungen angreifbar macht und Unsicherheit sichtbar werden lässt. Doch das Gesetz kehrt diese Logik um: Es bewertet nicht die Abwesenheit von Unsicherheit, sondern den verantwortungsvollen Umgang mit ihr. Festgehaltene Entscheidungen belegen, dass die Führung ihre Verantwortung wahrgenommen hat, selbst wenn das Ergebnis nicht perfekt war. Es geht nicht um juristische Gutachten, sondern um die Reduktion auf den Kern: Anlass, Abwägung, Ergebnis und Verantwortung. Dies schafft Kontinuität und verhindert, dass dieselben Diskussionen immer wieder neu geführt werden müssen.

Leadership-Impact: Unterschriftspflicht (§ 33 NISG 2026)
Persönliches Bekenntnis: Der Prüfbericht über die Umsetzung der Maßnahmen muss von den Leitungsorganen sowie den eingesetzten unabhängigen Prüfern unterzeichnet werden. Damit machen Sie die Dokumentation zu Ihrer persönlichen Erklärung.

Kontext-Konservierung: Das Festhalten zum Zeitpunkt der Entscheidung konserviert den Wissensstand und die Rahmenbedingungen. Dies ist Ihre wichtigste Verteidigungslinie bei späteren Haftungsfragen.

Schutzfunktion: Transparenz ist unter NIS-2 kein Risiko, sondern Ihr struktureller Schutz als Führungskraft.

Management-Reflexion

Welche wesentlichen Sicherheitsentscheidungen der letzten sechs Monate sind in Ihrem Unternehmen wirksam, aber nirgendwo explizit festgehalten?

Dokumentieren Sie nur die Ergebnisse Ihrer Sitzungen oder auch die Abwägungen, die zu diesen Ergebnissen geführt haben?

Wäre Ihre Organisation heute in der Lage, bei einem Vorfall präzise zu erklären, auf welcher Informationsgrundlage eine bestimmte Entscheidung vor drei Monaten getroffen wurde?

3.11 Weniger Dokumente, mehr Klarheit

Dokumentation wird oft fälschlicherweise mit Umfang gleichgesetzt. Doch unter dem NISG 2026 entsteht Klarheit nicht durch Masse, sondern durch Fokus. Dokumente, die im Ernstfall erst mühsam gesucht oder aufgrund ihrer Komplexität nicht verstanden werden, erfüllen ihren

Zweck nicht. Überladene Dokumentationen führen paradoxerweise oft dazu, dass sich niemand mehr wirklich zuständig fühlt, da die Verantwortung in Textwüsten verschwindet. Das Gesetz fordert schnelle Orientierung und eine bewusste Auswahl entscheidungsrelevanter Informationen.

Historisch gewachsene, unübersichtliche Dokumentenlandschaften sind unter NIS-2 ein strategisches Risiko, da sie die Nachvollziehbarkeit erschweren und Entscheidungen verzögern. Gute Dokumentation reduziert Reibung und hilft, das Wesentliche schnell zu erfassen. Sie muss konsistent sein: Begriffe müssen einheitlich verwendet werden und es darf keine widersprüchlichen Versionen von Entscheidungsgrundlagen geben. Für die Geschäftsführung bedeutet dies eine bewusste Haltung: Nicht alles, was dokumentiert werden kann, muss dokumentiert werden. Entscheidend ist, was Führung sichtbar macht und wie nutzbar die Dokumente im Alltag sind.

Leadership-Impact: Die Selbstdeklaration (§ 33 NISG 2026)

Strukturierte Übermittlung: Die Informationen über umgesetzte Maßnahmen müssen der Behörde „in strukturierter Form" übermittelt werden. Das verlangt Präzision statt ausschweifender Texte.

Aktualität: Schlanke Dokumentation altert langsamer und lässt sich leichter pflegen. Das Gesetz verlangt Aktualität, um keine falsche Sicherheit zu vermitteln.

Qualität vor Quantität: Die Behörde bevorzugt eine nachvollziehbare Entscheidungslogik gegenüber einer umfassenden, aber hohlen Dokumentenlandschaft.

Management-Reflexion

Welche Dokumente in Ihrem Unternehmen würden im Falle eines massiven IT-Ausfalls tatsächlich zur Hand genommen und genutzt?

Wo erzeugt Ihre aktuelle Dokumentationspraxis mehr Sucharbeit und Bürokratie als echte Orientierung für die Mitarbeitenden?

Würde eine drastische Reduzierung Ihrer Sicherheitsdokumente auf das Wesentliche die Klarheit in Ihrer Organisation erhöhen oder Ängste auslösen?

3.12 Nachvollziehbarkeit statt Rechtfertigung

Viele Organisationen nutzen Dokumentation primär als Schutzschild zur Rechtfertigung. Man will zeigen, dass man nicht untätig war. Unter dem NISG 2026 ist diese rückwärtsgerichtete, von Angst getriebene Haltung jedoch problematisch. Das Gesetz verlangt Nachvollziehbarkeit – und der Unterschied ist fundamental: Rechtfertigung versucht zu erklären, warum etwas schwierig war; Nachvollziehbarkeit beschreibt nüchtern, was auf welcher Grundlage entschieden wurde. Es geht nicht darum, im Nachhinein perfekt dazustehen, sondern nachzuweisen, dass im Entscheidungszeitpunkt verantwortungsvoll gehandelt wurde.

Wer klare Festlegungen aus Angst vor Angreifbarkeit vermeidet und Entscheidungen weich formuliert, schafft unter NIS-2 ein neues Risiko. Unschärfe untergräbt die Glaubwürdigkeit der Führung. Nachvollziehbarkeit verlangt den Mut, auch Unsicherheiten offen zu benennen und gewählte Optionen gegen verworfene Alternativen abzugrenzen. Dies ist kein Eingeständnis von Schwäche, sondern ein Zeichen von souveräner Führung, die auch mit Unvollständigkeit offen umgeht. Nachvollziehbare Dokumentation ist robuster gegenüber kritischen Nachfragen, da sie nicht vorgibt, mehr zu wissen, als tatsächlich bekannt war.

Leadership-Impact: Dokumentation als Führungsinstrument (§ § 31, 33 NISG 2026)

Protokoll der Verantwortung: Dokumentation unter NIS-2 ist ein Protokoll Ihrer gelebten Verantwortung, kein juristisches Plädoyer.

Vertrauensbildung: Nachvollziehbarkeit stärkt das Vertrauen der Mitarbeitenden in Ihre Entscheidungen, selbst wenn diese unpopulär sind.

Reifegrad: Die Fähigkeit zur revidierbaren und transparenten Entscheidung ist unter NIS-2 ein Zeichen organisatorischer Reife, nicht von Instabilität.

Management-Reflexion

Dient die Dokumentation in Ihren Board-Protokollen eher der nachträglichen Glättung von Problemen oder der ehrlichen Erklärung Ihrer Abwägungen?

Wird Unsicherheit in Ihren Strategiepapieren offen benannt oder hinter einer Fassade aus Gewissheit versteckt?

Wären Ihre Dokumente im Falle einer behördlichen Prüfung geeignet, Vertrauen in Ihre Führungsleistung zu schaffen oder würden sie eher Fragen aufwerfen?

Ihr Transfer in die Praxis

Entscheiden Sie selbst, was in Ihrem Unternehmen „angemessen" heißt – oder überlassen Sie diese Entscheidung implizit der IT?

Kennen Sie die Risiken, die Sie bewusst tragen – oder fallen sie Ihnen erst im Ernstfall auf, weil sie nie benannt wurden?

Priorisieren Sie nach unternehmerischer Tragweite – oder nach Umsetzungsaufwand?

Ist Ihre Dokumentation nachvollziehbar – oder vor allem vollständig?

Trägt Ihre Umsetzungspraxis unter Prüfung durch Behörden, Versicherer oder Gerichte – oder nur im Normalbetrieb?

4

Teil III – Entscheidungsarchitektur unter NIS-2

Was Sie aus diesem Teil mitnehmen:

Wie wird Führungsverantwortung im Ernstfall strukturell abgebildet?
Welche Eskalationsschwellen müssen eindeutig definiert sein?
Wie wird der Entscheidungsraum unter regulatorischem Zeitdruck geordnet?
Wie werden Meldepflicht und Kommunikationssteuerung konsistent verzahnt?
Welche Struktur verhindert implizite Risikoübernahme?

4.1 Warum NIS-2 kein Projekt ist

Viele Organisationen nähern sich dem NISG 2026 mit einer vertrauten Logik: als Projekt. Es gibt einen Startpunkt, einen Meilensteinplan und ein Budget. Irgendwann wird das Häkchen bei „umgesetzt" gesetzt und der Fokus wandert zum nächsten Thema. Für NIS-2 ist diese Logik ungeeignet. Das Gesetz beschreibt keinen Zielzustand, den man erreicht, sondern eine Fähigkeit, die dauerhaft erhalten werden muss. Wer NIS-2 als Projekt denkt, riskiert nach dem Abschluss einen schleichenden Rück-

F. Kopp, *Quick Guide NIS-2 in Österreich*, Quick Guide,
https://doi.org/10.1007/978-3-658-52049-6_4

bau: Aufmerksamkeit sinkt, Verantwortlichkeiten verschwimmen und die Dokumentation veraltet.

Echte Steuerbarkeit ist ein Zustand, der kontinuierlich gepflegt werden muss. Sie verändert sich mit Ihrem Unternehmen und der technologischen Umwelt. Das NISG 2026 verlangt daher keine temporäre Alarmbereitschaft, sondern eine dauerhafte Anschlussfähigkeit. Das bedeutet, dass die Organisation jederzeit in der Lage sein muss, neue Risiken einzuordnen und Entscheidungen anzupassen. Sustain bedeutet, Cybersicherheit in Ihre bestehenden Entscheidungsroutinen und Führungsdialoge zu integrieren. Nur so wird NIS-2 von einer lästigen Zusatzaufgabe zu einem stabilen Teil Ihrer strategischen Führungsrealität.

Leadership-Impact: Dauerhaftigkeit und Aufsicht (§ § 33, 38 NISG 2026)

Regelmäßige Überprüfung: Gemäß § 33 Abs. 2 NISG 2026 kann die Behörde wesentliche Einrichtungen jederzeit zur Prüfung auffordern. Es gibt keinen „fertigen" Status, der Sie vor künftigen Kontrollen schützt.

Bewertung der Wirksamkeit: In § 32 Abs. 4 lit. f ist die Bewertung der Wirksamkeit Ihrer Maßnahmen als fester Bestandteil des Risikomanagements vorgeschrieben.

Aufsichtsregime: Für wichtige Einrichtungen gilt eine Ex-post-Aufsicht. Das bedeutet: Wenn ein Vorfall passiert, wird rückwirkend geprüft, ob Sie Ihre Hausaufgaben über die Jahre kontinuierlich gemacht haben (§ 38 Abs. 2).

Management-Reflexion

Wird das Thema NIS-2 in Ihrem Board nach dem Projektende auf der Agenda bleiben oder droht es in der operativen Versenkung zu verschwinden?

Sind die Verantwortlichkeiten für die Cybersicherheit fest in der Linienorganisation verankert oder hängen sie an temporären Projektrollen?

Wie stellen Sie sicher, dass Ihre Sicherheitsstrategie mit dem schnellen technologischen Wandel (z. B. KI) Schritt hält?

4.2 Verantwortung im Regelbetrieb halten

Der schwierigste Teil von NIS-2 beginnt nach der Implementierung, wenn der Alltag zurückkehrt. Dringende operative Themen gewinnen wieder an Gewicht und die Aufmerksamkeit für Cybersicherheit verschiebt sich. Verantwortung im Regelbetrieb zu halten, ist eine bewusste Führungsleistung. Steuerbarkeit entsteht nicht im Ausnahmezustand, sondern im Alltag. Im Regelbetrieb zeigt sich, ob Zuständigkeiten wirklich gelebt werden oder nur auf dem Papier existieren.

Ein häufiger Fehler ist es, Verantwortung an starre Routinen wie jährliche Berichte zu binden, die kaum noch hinterfragt werden. Verantwortung im Regelbetrieb bedeutet nicht, ständig über Technik zu sprechen, sondern die relevanten Fragen in Ihre normale Führungstätigkeit zu integrieren: Welche Risiken haben sich verändert? Wo sind neue Abhängigkeiten entstanden? NIS-2 verlangt keine Parallelorganisation, sondern die Integration in Ihre strategische Steuerung. Für Sie als Leitungsorgan bedeutet das Präsenz: Zeigen Sie, dass diese Themen auch dann ernst genommen werden, wenn gerade keine Krise herrscht.

Leadership-Impact: Integration in die Governance (§ 31 NISG 2026)
Laufende Aufsicht: Die Pflicht zur Aufsicht gemäß § 31 Abs. 1 endet nicht mit dem Audit. Sie ist eine Daueraufgabe des Leitungsorgans.

Schulungskultur: Das Gesetz verpflichtet Sie zu regelmäßigen Schulungen für das Management und die Belegschaft (§ 31 Abs. 2). Dies soll das Bewusstsein im Regelbetrieb wachhalten.

Strukturelle Absicherung: Die Behörde kann bei Mängeln im Regelbetrieb einen Überwachungsbeauftragten gemäß § 39 Abs. 3 Z 2 einsetzen, der Ihre Prozesse direkt im Unternehmen kontrolliert.

Management-Reflexion

Wie oft ist Cybersicherheit Thema in Ihren regulären Board-Meetings, ohne dass ein aktueller Vorfall der Anlass ist?

Sind Ihre Kennzahlen (KPIs) für Sicherheit so gestaltet, dass sie echte Steuerbarkeit messen oder dienen sie nur der Beruhigung?

Wie gehen Sie damit um, wenn Sicherheitsvorgaben im Alltag die operative Effizienz bremsen – wer gewinnt diesen Konflikt?

4.3 Lernen ohne Vorfall

Lernen beginnt in vielen Unternehmen erst, wenn etwas passiert ist. Diese reaktive Analyse ist wertvoll, reicht aber unter dem NISG 2026 nicht mehr aus. Die Richtlinie zielt auf vorausschauende Anpassungsfähigkeit. Lernen ohne Vorfall bedeutet, aus Beobachtungen, Abweichungen und Unsicherheiten zu lernen, bevor sie sich zu einer Krise verdichten. Das ist oft schwerer zu verankern, weil es weniger spektakulär ist.

Eine der größten Führungsaufgaben besteht darin, eine Kultur zu schaffen, in der Unsicherheit benannt werden darf, ohne dass sofort nach Schuldigen gesucht wird. Lernen ohne Vorfall bedeutet, Veränderungen wie neue Geschäftsmodelle oder personelle Wechsel systematisch auf ihre Risikoprofile zu reflektieren. Erkenntnisse müssen zu Anpassungen führen, auch wenn kein akuter Druck besteht. In der Summe halten diese kleinen Justierungen Ihre Organisation anschlussfähig und handlungsfähig.

Leadership-Impact: Wirksamkeitsprüfung (§ 32 NISG 2026)
Methodik: Gemäß § 32 Abs. 4 lit. f müssen Sie Konzepte zur Bewertung der Wirksamkeit Ihrer Maßnahmen vorhalten. Dies impliziert einen kontinuierlichen Lernprozess.

Risikoanalyse: Die Risikoanalyse (§ 32 Abs. 4 lit. a) ist kein einmaliges Dokument, sondern muss regelmäßig an neue Erkenntnisse angepasst werden.

Witness-Audits: Die Behörde kann Prüfungen durch unabhängige Stellen begleiten (§ 33 Abs. 5), um die Qualität Ihres internen Lernens und Prüfens zu bewerten.

Management-Reflexion

Gibt es in Ihrem Unternehmen Räume, in denen Führungskräfte offen über „Beinahe-Fehler" in der IT-Sicherheit sprechen können?

Wie wird mit Informationen über neue Bedrohungen aus Ihrer Branche umgegangen – werden diese aktiv zur Anpassung Ihrer Strategie genutzt?

Fördert Ihre Unternehmenskultur das Hinterfragen von bestehenden Sicherheitsroutinen oder wird Kritik als Störung empfunden?

4.4 Routinen, die nicht lähmen

Routinen sind das Rückgrat jeder Organisation; sie schaffen Verlässlichkeit und Effizienz. Doch sie bergen die Gefahr der Blindheit: Was zur Gewohnheit wird, wird nicht mehr hinterfragt. Unter dem NISG 2026 entscheidet die Qualität Ihrer Routinen darüber, ob Ihre Steuerbarkeit dauerhaft erhalten bleibt oder schleichend erodiert. Viele Unternehmen reagieren auf neue Anforderungen mit immer mehr Berichten und Meetings, was oft zum Gegenteil führt: Aufmerksamkeit verteilt sich und kritische Fragen bleiben aus.

Das Gesetz verlangt keine Routinen um der Routine willen, sondern solche, die das Denken ermöglichen. Eine lähmende Routine erkennt man daran, dass Berichte nur noch zur Kenntnis genommen und Entscheidungen vertagt werden. Wirksame Routinen sind schlank und auf Reflexion ausgerichtet. Sie stellen nicht nur die Frage „Sind wir compliant?“, sondern „Sind wir noch steuerbar?“. Als Leitungsorgan müssen Sie diese Routinen aktiv gestalten und sicherstellen, dass Erkenntnisse daraus auch tatsächlich Konsequenzen haben.

Leadership-Impact: Nachweis der Umsetzung (§ 33 NISG 2026)
Selbstdeklaration: Sie müssen 12 Monate nach der Registrierung detaillierte Informationen über Ihre Risikomanagementmaßnahmen übermitteln (§ 33 Abs. 1). Dies zwingt Sie zu einer ersten wirksamen Routine.

Prozessqualität: Die Behörde prüft im Rahmen der Aufsicht (§ 38), ob Ihre internen Kontrollprozesse angemessen sind. Routinen, die nur Papier produzieren, gelten als mangelhaft.

Transparenz: Gemäß § 33 Abs. 3 müssen Mängel in Prüfberichten dokumentiert und in einem Maßnahmenplan behoben werden. Dies erfordert eine Routine für das Follow-up.

Management-Reflexion

Welche Ihrer aktuellen Sicherheitsberichte im Board lesen Sie wirklich mit Erkenntnisgewinn?

Haben Sie Routinen geschaffen, die gezielt nach „schwachen Signalen“ für neue Risiken suchen?

Werden Abweichungen von Sicherheitsstandards in Ihrem Unternehmen als bürokratisches Problem oder als Warnsignal für schwindende Steuerbarkeit behandelt?

4.5 Kontinuität ohne Dauerstress

Sobald klar wird, dass NIS-2 kein zeitlich begrenztes Projekt ist, entsteht oft Unbehagen: Droht nun ein permanenter Alarmzustand? Diese Sorge verfehlt den Kern von Sustain. Kontinuität bedeutet nicht Intensität oder Stressmaximierung, sondern die Organisation von Belastbarkeit. Wer Cybersicherheit wie eine Dauerkrise behandelt, erschöpft die Organisation und verliert am Ende an Schärfe.

Echte Kontinuität ist leise. Sie entsteht dort, wo Verantwortung verlässlich wahrgenommen wird, ohne jedes Mal neu begründet zu werden, und wo Entscheidungslogiken greifen, ohne jedes Mal diskutiert werden zu müssen. Sustain braucht Spielräume und klare Leitplanken, innerhalb derer Ihre Fachbereiche autonom entscheiden können. Ihre Rolle als Leitungsorgan ist dabei nicht die der Dauer-Eskalationsinstanz, sondern die des Garanten für Stabilität. Stabilität entsteht durch konsistente Erwartungen: Wer weiß, wie entschieden wird, arbeitet ruhiger und sicherer.

Leadership-Impact: Vorsorgemaßnahmen (§ § 16, 32 NISG 2026)
Nationale Planung: Auf staatlicher Ebene regelt der nationale Plan für die Reaktion auf Cybersicherheitsvorfälle (§ 16 Abs. 3) die Kontinuität. Ihre interne Planung sollte damit kompatibel sein.

Betriebskontinuität: Gemäß § 32 Abs. 4 lit. c müssen Sie Maßnahmen zur Aufrechterhaltung des Betriebs (Backup-Management, Notfallwiederherstellung) vorhalten.

Ressourcen: Das Gesetz fordert „ausreichende Ressourcen“ für CSIRTs (§ 9 Abs. 1). Übertragen auf Ihr Unternehmen bedeutet das: Kontinuität muss finanziell und personell so unterfüttert sein, dass sie nicht auf dem Burn-out Einzelner basiert.

Management-Reflexion

Ist Ihre Organisation so aufgestellt, dass Cybersicherheit auch bei normaler Auslastung „nebenbei“ mitläuft?

Haben Sie klare Schwellenwerte für die Eskalation ins Board, um sich selbst vor operativem Kleinkram zu schützen?

Wissen Ihre Mitarbeiter, in welchem Rahmen sie Sicherheitsentscheidungen eigenständig treffen dürfen, ohne Ihre Rückendeckung zu verlieren?

4.6 Führung als stabilisierender Faktor

Führung wird oft erst sichtbar, wenn etwas nicht funktioniert. Doch unter dem NISG 2026 entsteht echte Nachhaltigkeit im „Dazwischen", dort, wo nichts akut ist. Führung als stabilisierender Faktor wirkt durch Haltung, Konsistenz und Verlässlichkeit. Sie absorbiert Unsicherheit, bevor diese eskaliert. Ständige Intervention hingegen erzeugt Instabilität, da sie signalisiert, dass Ihre Strukturen nicht tragen.

Stabilisierende Führung schafft einen Rahmen, in dem Entscheidungsprozesse vorhersehbar sind. Mitarbeitende müssen wissen, wie Prioritäten gesetzt werden und wann Eskalationen erwünscht sind. Da digitale Risiken selten eindeutig sind, gibt Führung nicht Gewissheit, sondern Orientierung durch konsistente Entscheidungslogiken. Besonders im Umgang mit Fehlern zeigt sich Ihre Wirkung: Werden Fehler dramatisiert oder als Lernimpuls genutzt? Eine ruhige, begründete Anpassung von Entscheidungen schafft Vertrauen und ist unter NIS-2 ein echter Wettbewerbsvorteil.

Leadership-Impact: Die Vorbildwirkung (§ 31 NISG 2026)
Letztverantwortung: Die Erläuterungen betonen die politische und rechtliche Letztverantwortung des zuständigen obersten Organs. Dies unterstreicht Ihre Rolle als stabilisierender Anker im Unternehmen.

Kohärenz: Das Gesetz verlangt keine Perfektion, aber Kohärenz (§ 31 Abs. 1). Ihre Signale müssen über Zeit konsistent bleiben, um die Organisation nicht zu verwirren.

Eskalationskultur: Ein stabiles System nach NIS-2 ist eines, in dem Eskalation als Führungsinstrument und nicht als Makel begriffen wird (§ 34 Abs. 1).

Management-Reflexion

Reagieren Sie auf Sicherheitsmeldungen eher mit Aktionismus oder mit einer ruhigen Einordnung in das Gesamtstrategiebild?

Wie verlässlich sind Ihre Führungssignale in Bezug auf Cybersicherheit – ändern sich die Prioritäten bei jedem neuen Zeitungsbericht?

Fühlen sich Ihre Fachbereiche durch Ihre Führung in schwierigen Abwägungsentscheidungen gestärkt oder eher alleingelassen?

4.7 Personalwechsel, Wissen und Anschlussfähigkeit

Personalwechsel sind der ultimative Stresstest für die Nachhaltigkeit Ihrer Steuerbarkeit. Wenn Menschen gehen, geht oft nicht nur Fachwissen verloren, sondern vor allem das Verständnis für die gewachsenen Entscheidungslogiken. Das NISG 2026 fragt daher nicht nur, ob Prozesse existieren, sondern ob sie anschlussfähig sind. Anschlussfähigkeit bedeutet, dass neue Personen Verantwortung übernehmen können, ohne die Organisation neu erfinden zu müssen.

Wissen ist nicht gleich Dokumentation. Dokumente beschreiben meist nur Abläufe, aber selten das „Warum" einer Entscheidung. Neue Führungskräfte müssen die Leitplanken verstehen: Welche Risiken sind kritisch? Wo gibt es Spielräume? Als Leitungsorgan müssen Sie Führung weniger personenabhängig organisieren. Rollen müssen so definiert sein, dass sie neben Aufgaben auch klare Entscheidungsbefugnisse und Verantwortungsgrenzen transportieren. Dies gilt auch für externe Partner, deren Wissen tief in Ihre Prozesse eingebettet ist.

Leadership-Impact: Kontinuität und Personal (§ § 9, 31 NISG 2026)
Personelle Kontinuität: Für CSIRTs schreibt das Gesetz Redundanzsysteme und eine Sicherstellung der Kontinuität im personellen Bereich vor (§ 9 Abs. 1 Z 4 und 5). Nutzen Sie dieses Prinzip für Ihre Schlüsselrollen.

Fachkenntnisse: Leitungsorgane müssen sich die notwendigen Fähigkeiten aneignen (§ 31 Abs. 2). Sorgen Sie bei Wechseln im Board für ein gezieltes Cybersicherheits-Onboarding.

Sicherheitsüberprüfung: Beachten Sie bei Personalwechseln in sensiblen Bereichen die gesetzlichen Pflichten zur Sicherheitsüberprüfung gemäß § 55 ff SPG.

Management-Reflexion

Was passiert mit Ihrer Cyber-Resilienz, wenn Ihr CISO oder ein entscheidender IT-Architekt morgen das Unternehmen verlässt?
Sind Ihre strategischen Sicherheitsentscheidungen so dokumentiert, dass ein Nachfolger sie in 15 min nachvollziehen kann?
Wie stellen Sie sicher, dass kritisches Wissen von externen Dienstleistern nicht zu einer einseitigen Abhängigkeit führt, die bei einem Vertragswechsel Ihre Steuerbarkeit bedroht?

4.8 Vertrauen als Steuerungsressource

Vertrauen wird oft als „weiches" Thema abgetan, doch unter NIS-2 zeigt es sich als zentrale Steuerungsressource. Ohne Vertrauen funktioniert keine nachhaltige Steuerbarkeit. Wer versucht, Unsicherheit durch totale Kontrolle und immer mehr Regeln zu ersetzen, erzeugt langfristig Misstrauen. Die Folge: Verantwortung wird vermieden und Informationen werden gefiltert, was Ihre tatsächliche Handlungsfähigkeit untergräbt.

Verlässlichkeit entsteht nicht durch Überwachung, sondern durch das Vertrauen, dass Aufgaben auch ohne ständige Kontrolle im Sinne der Führung gelöst werden. Fachbereiche müssen darauf vertrauen können, dass Eskalation nicht sanktioniert wird und Unsicherheit offen benannt werden darf. Vertrauen basiert auf erlebter Konsistenz: Führung, die zu ihren Entscheidungen steht – auch wenn diese unbequem sind – schafft die Basis für ein resilientes System. Wer bei Problemen sofort delegiert oder nach Schuldigen sucht, zerstört diese wertvolle Ressource.

Leadership-Impact: Kooperation und Vertrauen (§ § 36 f NISG 2026)
Informationsaustausch: Das Gesetz fördert den freiwilligen Austausch von Informationen zwischen Einrichtungen (§ 36). Dies setzt gegenseitiges Vertrauen voraus.

Freiwillige Meldung: Gemäß § 37 können Meldungen anonym erfolgen. Dies ist ein gesetzlicher Schutzraum, um die Angst vor Sanktionen zu nehmen und das Vertrauen in die Meldekultur zu stärken.

Aufsicht mit Augenmaß: Das Gesetz verlangt eine Aufsicht unter „möglichster Schonung der Rechte" (§ 38 Abs. 3). Dies signalisiert einen partnerschaftlichen Ansatz zwischen Behörde und Unternehmen.

Management-Reflexion

Erfahren Sie in Ihrem Unternehmen von Sicherheitsproblemen, wenn sie noch klein sind, oder erst, wenn es zu spät ist?
Vertrauen Sie Ihren technischen Teams so weit, dass diese auch ohne Ihre Freigabe im Ernstfall kritische Systeme abschalten dürften?
Wie konsistent sind Ihre Reaktionen auf Fehlentscheidungen im Bereich Cybersicherheit – fördern Sie Lernen oder Defensive?

4.9 Wenn es ernst wird: vorbereitet sein, ohne Panik

Der Ernstfall wird im Kontext von NIS-2 oft dramatisiert, was paradoxerweise zu Lähmung durch Angst oder Verdrängung führt. Das NISG 2026 verlangt keine Panikbereitschaft, sondern gute Vorbereitung. Vorbereitet zu sein bedeutet, im Ernstfall handlungsfähig zu bleiben, auch wenn Zeit knapp und Informationen lückenhaft sind. Dies ist kein Ergebnis von Technik allein, sondern von Führung und Haltung.

Viele Unternehmen versuchen, den Ernstfall rein durch dicke Handbücher zu kontrollieren, doch Pläne verpuffen ohne eine ruhige Entscheidungslogik. Ruhe bedeutet nicht Passivität, sondern Entscheidungen nicht von Emotionen treiben zu lassen. Vorbereitetheit ohne Panik entsteht dort, wo der Ernstfall als Teil der Realität akzeptiert wird. Es geht im Krisenmoment nicht darum, alles richtig zu machen, sondern das Richtige. Klare Rollen – wer entscheidet, wer kommuniziert, wer koordiniert – reduzieren den Stress massiv.

Leadership-Impact: Notfall-Governance (§ § 16, 34 NISG 2026)
Meldepflichten: Die harten Fristen (24 h/72 h) gemäß § 34 Abs. 2 lassen keinen Raum für Panik. Sie erfordern eine perfekt eingespielte Meldekette.

Krisenmanagement-Integration: Der nationale Plan muss in das allgemeine Krisenmanagement integriert sein (§ 16 Abs. 3 Z 3), an dem sich Ihre interne Planung orientieren sollte.

Unterrichtung Betroffener: Gemäß § 34 Abs. 3 müssen Sie die Empfänger Ihrer Dienste unverzüglich über Vorfälle und Abhilfemaßnahmen informieren. Diese Kommunikation muss vorab geübt sein.

> **Management-Reflexion**
>
> Wurde Ihr Krisenstab in den letzten 12 Monaten unter realistischen Bedingungen (Zeitdruck, fehlende Infos) getestet?
>
> Wer ist in Ihrem Board die Stimme der Ruhe, wenn die technischen Systeme „rot" zeigen?
>
> Sind Ihre Kommunikationswege zu Kunden und Behörden so vorbereitet, dass sie auch bei einem totalen Ausfall Ihrer internen IT funktionieren?

4.10 Der Ernstfall als Führungsmoment

Der Ernstfall ist kein technisches Ereignis, sondern ein Führungsmoment. Hier entscheidet sich, ob Ihre Organisation trägt oder zerfällt. Während sich Techniker auf die Wiederherstellung konzentrieren, muss Führung Orientierung geben, gerade wenn Wissen fehlt. Informationen widersprechen sich oft und Zeitdruck wächst – genau hier darf Führung nicht durch übermäßige Rückfragen blockieren, sondern muss tragfähige Entscheidungen treffen.

Im Ernstfall verschieben sich die Erwartungen Ihrer Mitarbeitenden: Sie suchen weniger nach detaillierten Anweisungen als nach Haltung und Präsenz. Reaktionsfähigkeit entsteht aus der Klarheit darüber, wer entscheidet und welche Ziele jetzt Vorrang haben. Auch die Kommunikation darf kein Vakuum entstehen lassen, das sonst mit Spekulationen gefüllt wird. Der Ernstfall ist ein Moment der Verdichtung, in dem Führung Verantwortung bündeln und sichtbar handlungsfähig bleiben muss.

Leadership-Impact: Behördenkommunikation (§ § 34, 44 NISG 2026)
Zentrale Anlaufstelle: Im Ernstfall ist die zentrale Anlaufstelle (§ 5) Ihr Partner für grenzüberschreitende Vorfälle.

Management großen Ausmaßes: Bei massiven Krisen übernimmt die Cybersicherheitsbehörde die Koordination gemäß § 16. Ihre Führungsaufgabe ist die nahtlose Kooperation mit diesen staatlichen Stellen.

Anzeigepflicht: Bei Verdacht auf schwere Verstöße muss die Cybersicherheitsbehörde dies der Bezirksverwaltungsbehörde zur Anzeige bringen (§ 44 Abs. 1). Ihr Handeln im Ernstfall wird also direkt aktenkundig.

Management-Reflexion

Ist Ihnen bewusst, dass Ihre Tonalität und Präsenz im Ernstfall wichtiger sein können als die technisch perfekte Lösung?

Haben Sie für den Krisenfall eine „Short-List" von Prioritäten (z. B. 1. Menschenleben, 2. Datenschutz, 3. Produktion), die für alle im Unternehmen als Richtschnur gilt?

Wer in Ihrem Board übernimmt im Ernstfall die Rolle des internen und externen Kommunikators, damit die Techniker ungestört arbeiten können?

4.11 Entscheidungen unter Unsicherheit treffen

Unsicherheit ist die Grundbedingung des Ernstfalls. Informationen sind zeitverzögert und Prioritäten kollidieren. Der Versuch, diese Unsicherheit vor einer Entscheidung vollständig aufzulösen, ist gefährlich und führt oft zu riskanten Verzögerungen. Das NISG 2026 verlangt Entscheidungen trotz unvollständiger Information. Dies widerspricht oft dem Ideal rationaler Planung, ist aber im Ernstfall die einzige Möglichkeit zur Handlungsfähigkeit.

Entscheiden unter Unsicherheit bedeutet, Verantwortung für den Prozess zu übernehmen, auch wenn das Ergebnis ungewiss ist. Der Maßstab ist hier nicht die optimale, sondern die revidierbare Entscheidung: Sie muss anpassbar sein, wenn neue Fakten vorliegen. Dies setzt absolute Transparenz voraus: Was wurde warum auf welcher Basis entschieden? Führung muss hierbei verschiedene Perspektiven – Technik, Recht, PR – bündeln, ohne auf einen (oft unerreichbaren) Konsens zu warten. Es ist eine organisatorische Fähigkeit, die im Alltag geübt werden muss.

Leadership-Impact: Dokumentation der Logik (§ 34 NISG 2026)
Zwischenberichte: Das Gesetz verlangt auf Ersuchen Zwischenberichte (§ 34 Abs. 2 Z 3). Diese müssen Ihre aktuelle Entscheidungslogik widerspiegeln.

Revidierbarkeit: Der Abschlussbericht (§ 34 Abs. 2 Z 4) muss Ursachen und Abhilfemaßnahmen detailliert beschreiben. Eine dokumentierte, revidierbare Entscheidung gilt als Zeichen von Reife, nicht von Schwäche.

Sorgfaltsmaßstab: Für Ihre Haftung ist entscheidend, ob Sie im Entscheidungszeitpunkt verantwortungsvoll gehandelt haben, nicht ob Sie im Nachhinein perfekt waren.

Management-Reflexion

Wie gehen Sie persönlich damit um, wenn Sie eine Entscheidung mit 20 % Restunsicherheit treffen müssen – lähmt Sie das oder treibt es Sie an?
Sind Ihre Protokollführer im Krisenstab darauf geschult, nicht nur Ergebnisse, sondern auch die Abwägungen unter Unsicherheit festzuhalten?
Gibt es in Ihrem Board ein gemeinsames Verständnis darüber, dass eine schnelle, revidierbare Entscheidung besser ist als gar keine Entscheidung?

4.12 Kommunikation ohne Kontrollverlust

Im Ernstfall entsteht Kommunikation sofort – ob Sie wollen oder nicht. Wenn Führung schweigt, füllen Gerüchte das Vakuum. Kommunikation unter NIS-2 bedeutet nicht, totale Kontrolle zu behalten, sondern den Kontrollverlust aktiv zu begrenzen. Schweigen aus Vorsicht erzeugt Interpretationsräume, die meist emotionaler und schädlicher sind als jede offizielle Information.

Das NISG 2026 verlangt keine vollständige Transparenz, aber angemessene Kommunikation. Angemessen heißt: ehrlich über das, was man weiß, und offen über das, was man noch nicht weiß. Führung setzt den Rahmen durch klare Botschaften: Wir haben die Situation erkannt, wir arbeiten daran, Informationen folgen. Konsistenz ist hierbei entscheidend; widersprüchliche Aussagen zerstören sofort das Vertrauen. Interne Kommunikation ist oft wichtiger als externe: Mitarbeitende müssen wissen, wie sie sich verhalten sollen, um die Lage nicht zu verschärfen.

Leadership-Impact: Informationspflichten (§ 34 NISG 2026)
Dienstempfänger: Sie sind gesetzlich verpflichtet, Ihre Kunden unverzüglich über erhebliche Vorfälle und mögliche Schutzmaßnahmen zu informieren.

Öffentlichkeitsarbeit: Die Behörde kann Sie zur Veröffentlichung des Verstoßes verpflichten (§ 39 Abs. 3 Z 1 lit. b), wenn dies zur Risikominderung erforderlich ist.

Koordinierung: Bei Vorfällen großen Ausmaßes müssen Sie Ihre Kommunikation mit der Cybersicherheitsbehörde abstimmen (§ 16), um widersprüchliche Signale im Gesamtsystem zu vermeiden.

Management-Reflexion

Haben Sie für den Ernstfall vorbereitete Kommunikations-Templates, die Sie in 30 min anpassen und versenden können?

Wie gehen Sie mit der Spannung zwischen juristischer Vorsicht („nichts zugeben") und kommunikativer Notwendigkeit („Transparenz schaffen") um?

Ist sichergestellt, dass Ihre gesamte Führungsebene im Ernstfall mit einer Stimme spricht, anstatt unterschiedliche Interpretationen an die Presse oder Belegschaft zu geben?

4.13 Nach dem Vorfall: ohne Schuld, mit Wirkung

Nach dem Ernstfall dominiert oft der Wunsch nach schneller Normalität. Doch genau hier entscheidet sich, ob ein Vorfall nachhaltige Wirkung entfaltet oder einfach verpufft. Viele Unternehmen verfallen in eine Schuldlogik: Wer war verantwortlich? Das führt zu Rechtfertigungen und verhindert echtes Lernen. Das NISG 2026 zielt nicht auf Schuld, sondern auf systemische Wirkung.

Sustain bedeutet, Erkenntnisse aus Vorfällen in Strukturen und Routinen einfließen zu lassen. Führung muss diesen sensiblen Moment nutzen, um zu signalisieren, dass Lernen ausdrücklich erwünscht ist. Es wird sich zeigen, dass nicht alle Entscheidungen im Ernstfall richtig waren – das ist akzeptabel, solange sie überprüfbar waren und nun angepasst werden. Verdrängung richtet langfristig mehr Schaden an als Transparenz. Der Fokus muss auf dem System liegen: Welche Strukturen haben Entscheidungen erschwert?

Leadership-Impact: Abschlussbericht und Folgemaßnahmen (§ 34 NISG 2026)

Abschlussbericht: Innerhalb eines Monats nach der Meldung müssen Sie einen Bericht mit Ursachenanalyse und getroffenen Abhilfemaßnahmen vorlegen (§ 34 Abs. 2 Z 4).

Aufsichtliche Bewertung: Die Behörde nutzt diese Berichte, um die Angemessenheit Ihrer Reaktion zu bewerten. Ein ehrlicher Bericht kann weitere Aufsichtsmaßnahmen verhindern.

Präventive Anpassung: Erkenntnisse müssen in die Risikoanalyse gemäß § 32 zurückfließen. Wiederholte, gleichartige Pflichtverletzungen werden von der Behörde als schweres Versagen der Führung gewertet (§ 39 Abs. 7 Z 1 lit. a).

Management-Reflexion

Wie wird in Ihrem Unternehmen nach einem Vorfall gefeiert – das „Löschen des Feuers" oder die „Analyse des Brandherds"?

Werden nach einer Krise auch die Verhaltensweisen der Führungsebene kritisch reflektiert oder gilt die Analyse nur der IT-Ebene?

Wie stellen Sie sicher, dass die teuer erkauften Lehren aus einem Vorfall nicht nach drei Monaten wieder vergessen sind?

Ihr Transfer in die Praxis

Würde Ihre Eskalationslogik im Ernstfall binnen Stunden greifen – oder müsste erst geklärt werden, wer zuständig ist?

Sind Ihre Kommunikationslinien vorab abgestimmt – oder entstehen sie unter Druck?

Lernt Ihre Organisation aus Vorfällen systematisch – oder verarbeitet sie diese als Einzelereignisse?

Überlebt Ihre Entscheidungsarchitektur einen Personalwechsel in Schlüsselrollen?

Kehrt Verantwortung im Ernstfall ruhig zurück – oder hektisch?

5

Teil IV – Einordnung, Wirkung und regulatorischer Kontext

Was Sie aus diesem Teil mitnehmen:

Welche strategische Wirkung entfaltet klare Governance im Marktumfeld?
Wie beeinflusst regulatorische Professionalität die Reputation eines Unternehmens?
Welche Wechselwirkungen bestehen mit anderen Regulierungsregimen?
Wie verändert sich die Rolle des Leitungsorgans im digitalen Umfeld dauerhaft?
Welche Maßstäbe gelten künftig für verantwortete Unternehmensführung?

5.1 Zusammenfassung – Was NIS-2 wirklich verlangt

Nach der intensiven Auseinandersetzung mit den Details bleibt kein neues, starres Regelwerk zurück und auch keine Checkliste, die man einfach nur abhakt. Was bleibt, ist ein grundlegend veränderter Blick auf Führung unter digitalen Bedingungen. Der Kern des NISG 2026 lässt sich in einem Satz zusammenfassen: Das Gesetz verlangt nicht, dass Unternehmen „sicher" sind – es verlangt, dass sie steuerbar sind. Wäh-

F. Kopp, *Quick Guide NIS-2 in Österreich*, Quick Guide, https://doi.org/10.1007/978-3-658-52049-6_5

rend Sicherheit oft als statischer Zustand missverstanden wird, beschreibt Steuerbarkeit eine dynamische Fähigkeit, die kontinuierlich erhalten werden muss.

Wer NIS-2 lediglich als technische Sicherheitsanforderung begreift, wird sich in Maßnahmen verlieren. Wer es jedoch als Steuerungsanforderung versteht, arbeitet an der Reife seiner Organisation, der Klarheit der Verantwortung und der Qualität seiner Entscheidungsfindung. Das Gesetz macht unmissverständlich klar: Aufgaben lassen sich delegieren, Verantwortung nicht. Diese verbleibt unter NIS-2 immer bei der obersten Leitung, da Sie den Rahmen setzen, in dem unter Unsicherheit entschieden wird. Es verlangt von Ihnen nicht mehr Dokumente, sondern bessere Entscheidungen; nicht mehr Kontrolle, sondern klare Verantwortung; nicht mehr abstrakte Sicherheit, sondern belastbare Resilienz.

Leadership-Impact: Die neue Messlatte (§ § 32 f NISG 2026)
Fähigkeit statt Zustand: Das Gesetz bewertet Ihre „Fähigkeit, Risiken zu beherrschen“ (§ 32 Abs. 1), was über rein technische Schutzmaßnahmen weit hinausgeht.

Nachweis der Reife: Durch die Selbstdeklaration (§ 33 Abs. 1) und die regelmäßigen Prüfberichte müssen Sie belegen, dass Ihr Risikomanagement in die Führungslogik integriert ist.

Konsequenz bei Stillstand: Ein Mangel an organisatorischer Reife wird vom Gesetz als schwerer Verstoß gewertet, der unmittelbare Aufsichtsmaßnahmen nach sich zieht (§ 39).

Management-Reflexion

Haben Sie den Fokus in Ihrem Unternehmen bereits von „Technik einkaufen" auf „Steuerbarkeit sicherstellen" verschoben?

Sind Ihre aktuellen Berichtsstrukturen geeignet, Ihnen die notwendige Entscheidungsgrundlage für die Überwachungspflicht nach § 31 zu liefern?

Wie definieren Sie heute den „Erfolg" Ihrer Cybersicherheitsstrategie – an der Abwesenheit von Vorfällen oder an der Geschwindigkeit Ihrer Reaktion?

5.2 Conclusio – NIS-2 als Führungsrealität

NIS-2 verändert nicht grundlegend, was geführt wird, sondern wie geführt wird. Diese Veränderung betrifft die Art und Weise, wie Verantwortung wahrgenommen, Entscheidungen getroffen und Unsicherheit als Teil des Geschäftsalltags akzeptiert wird. In diesem Sinne ist das NISG 2026 keine rein externe Vorgabe, sondern ein Spiegel Ihrer bestehenden Führungsrealität. Organisationen, die bereits heute über klare Rollen und nachvollziehbare Entscheidungswege verfügen, werden durch das Gesetz nicht überfordert, sondern in ihrem Handeln bestärkt.

Schwierig wird es dort, wo Führung bisher über Verdrängung oder Diffusion von Verantwortung funktioniert hat. NIS-2 lässt keine komfortablen Grauzonen mehr zu; Verantwortung kann nicht mehr in der Technik oder bei externen Dienstleistern „versteckt" werden. Gleichzeitig eröffnet diese neue Klarheit enorme Spielräume: Wer seine Verantwortung bewusst annimmt und Entscheidungslogiken transparent macht, kann ruhiger führen und effektiver delegieren. Das Gesetz fordert einen Perspektivwechsel weg von reaktiver Absicherung hin zu aktiver Gestaltung und dauerhafter Anschlussfähigkeit.

Leadership-Impact: Die Rolle des Leitungsorgans (§ 31 NISG 2026)
Unübertragbarkeit: Die Pflicht zur Sicherstellung und Überwachung der Maßnahmen ist an Ihre Person als Mitglied des Leitungsorgans gebunden.

Fortbildung als Werkzeug: Die gesetzliche Schulungspflicht (§ 31 Abs. 2) dient dazu, Sie sprachfähig zu machen, damit Sie Cybersicherheit als unternehmerisches Risiko steuern können.

Transparenzgebot: Die Behörde kann die Offenlegung von Verstößen anordnen (§ 39 Abs. 3), was die Bedeutung einer ehrlichen und transparenten Führungskultur unterstreicht.

Management-Reflexion

Was sehen Sie, wenn Sie in den „Spiegel" von NIS-2 blicken – eine gut organisierte Struktur oder diffuse Verantwortlichkeiten?

Sind Sie bereit, Cybersicherheit nicht mehr als lästige Pflicht, sondern als integralen Bestandteil Ihrer persönlichen Führungsrolle anzunehmen?

Wie können Sie die durch das Gesetz erzwungene Klarheit nutzen, um auch in anderen Geschäftsbereichen Ihre Entscheidungsgeschwindigkeit zu erhöhen?

5.3 Rückblick – Warum viele Organisationen scheitern werden

Die meisten Unternehmen werden nicht an NIS-2 scheitern, weil sie zu wenig investieren, sondern weil sie falsch investieren. Ein zentrales Scheitermuster ist die Delegationsillusion: Man überträgt Aufgaben formal an IT oder Compliance und glaubt fälschlicherweise, damit auch die Verantwortung los zu sein. Wenn die Führungsebene informiert, aber nicht eingebunden ist, entsteht ein Bruch, den das Gesetz im Ernstfall gnadenlos offenlegt. Ein weiteres Muster ist das Projektdenken: Sobald der Statusbericht „umgesetzt" signalisiert, sinkt die Aufmerksamkeit, Dokumente veralten und die Organisation erodiert im Alltag.

Ebenso gefährlich ist der Dokumentationsfetisch: Es werden Unmengen an Papier produziert, die niemand liest und die im Krisenfall keine Orientierung bieten. Auch die Technikflucht – der Versuch, organisatorische Defizite durch teure Software-Tools zu heilen – führt in die Irre, da Technik keine Verantwortung tragen kann. Das kritischste Muster bleibt jedoch die Verdrängung von Unsicherheit: Führungskräfte simulieren Sicherheit, um Ruhe zu erzeugen, statt Abhängigkeiten und Risiken offen zu benennen. Wer diese Muster erkennt, hat die Chance, sie durch bewusste Führung zu durchbrechen.

Leadership-Impact: Risikofaktor Mensch und Struktur (§ § 32, 39 NISG 2026)

Strukturelle Defizite: Die Behörde prüft gemäß § 38, ob Ihre Maßnahmen „wirksam" sind. Rein formale Papiertiger ohne gelebte Struktur werden sanktioniert.

Behinderung der Aufsicht: Eine willentliche Behinderung von Prüfungen oder die Übermittlung falscher Informationen gilt als schwerer Verstoß (§ 39 Abs. 7 Z 1).

Erosionsschutz: Das Gesetz verlangt dauerhafte Risikomanagementmaßnahmen (§ 32 Abs. 1). Das Scheitern durch Personalwechsel oder nachlassende Aufmerksamkeit wird durch die kontinuierliche Überwachungspflicht der Führung (§ 31) adressiert.

> **Management-Reflexion**
>
> Erkennen Sie in Ihrer Organisation Anzeichen einer „Delegationsillusion"?
> Wird NIS-2 bei Ihnen als einmaliges Projektbudget oder als dauerhafte Investition in die Handlungsfähigkeit geplant?
> Wie verhindern Sie, dass Ihre Sicherheitsdokumentation zu einem reinen Selbstzweck ohne operativen Nutzen verkommt?

5.4 Ausblick – Wie sich Führung durch NIS-2 verändert

NIS-2 verändert Führung nicht abrupt, aber nachhaltig: Die Messlatte verschiebt sich von der Absicherung zur Entscheidungsfähigkeit und von der Perfektion zur Belastbarkeit. Führung wird ruhiger und bewusster, da sie lernt, mit Unsicherheit zu arbeiten, statt sie krampfhaft beseitigen zu wollen. Verantwortung bedeutet künftig nicht mehr, für jedes technische Ergebnis geradezustehen, sondern für die Qualität und Nachvollziehbarkeit des Entscheidungsprozesses.

Governance wird zur Infrastruktur für Führung: Sie legt fest, wie entschieden wird, statt sich im Management von Einzelfällen zu verlieren.

Technik verliert ihren Status als Heilsbringer und wird als reiner Enabler begriffen, der Entscheidungen unterstützt, aber niemals ersetzt. Auch die Kommunikation verändert sich: Führung bietet Orientierung statt falscher Sicherheit an. Langfristig führt dies zu einer neuen Form der Resilienz, die auf Anpassungsfähigkeit basiert – eine Fähigkeit, die in einer vernetzten Wirtschaft über den Markterfolg entscheiden wird.

Leadership-Impact: Governance als Strategie (§ § 12, 15 NISG 2026)
Strategische Einbettung: Die nationale Cybersicherheitsstrategie (§ 15) gibt den Rahmen vor, an dem sich Ihre unternehmensinterne Governance spiegeln muss.

Stabilität durch Vorhersehbarkeit: Eine klare Governance gemäß § 31 reduziert Stress in der Organisation, da Eskalationen und Prioritäten konsistent gehandhabt werden.

Wettbewerbsvorteil: Unternehmen, die diese neue Führungsreife erlangen, agieren schneller und robuster als der Wettbewerb.

Management-Reflexion

Sind Sie bereit, in Meetings offen zuzugeben, dass Sie eine Entscheidung auf Basis unvollständiger Informationen treffen?

Wie können Sie Governance in Ihrem Haus von einer „Kontrollinstanz" zu einer „Entscheidungsinfrastruktur" weiterentwickeln?

Welche Signale senden Sie heute aus, um eine Kultur der Orientierung statt der bloßen Absicherung zu fördern?

5.5 Chancen – Warum NIS-2 mehr ist als eine Pflicht

NIS-2 wird oft als Belastung wahrgenommen, doch jenseits der Kosten eröffnet das Gesetz enorme Chancen, die weit über die Regulatorik hinausgehen. Es zwingt Organisationen, sich mit Fragen auseinanderzusetzen, die lange vertagt wurden: Wer entscheidet wirklich? Wie gehen wir mit Unsicherheit um? Diese Klarheit ist ein massiver Beschleuniger: Organisationen, die Verantwortung bewusst verankern, gewinnen an

Entscheidungsgeschwindigkeit, da weniger intern abgesichert werden muss.

Eine weitere Chance liegt in der Steigerung des Marktvertrauens: In einer Wirtschaft der Abhängigkeiten wird nachweisbare Handlungsfähigkeit zum Differenzierungsmerkmal. Partner und Kunden erkennen schnell, ob Sie Risiken aktiv steuern oder nur formal verwalten. Wer NIS-2 als Anlass zur Führungsreflexion nutzt, gewinnt an Souveränität und Resilienz. Am Ende ist NIS-2 eine Einladung, Führung bewusster zu gestalten und das Unternehmen fit für eine unsichere, digitale Zukunft zu machen.

Leadership-Impact: Vertrauen und Marktposition (§ § 36, 40 NISG 2026)

Zertifizierung als Gütesiegel: Die Nutzung europäischer Zertifizierungsschemata (§ 40) macht Ihre Sicherheitsqualität für den Markt vergleichbar und schafft Vertrauen.

Sichere Lieferketten: Durch die Kooperation beim Informationsaustausch (§ 36) stärken Sie Ihre Position als verlässlicher Partner in der Lieferkette.

Resilienz als Marktwert: Die Fähigkeit zur schnellen Wiederherstellung des Betriebs (§ 32 Abs. 4 lit. c) ist ein direktes Verkaufsargument gegenüber Ihren Kunden.

Management-Reflexion

Wie können Sie die Umsetzung von NIS-2 nutzen, um interne Entscheidungshierarchien dauerhaft zu verschlanken?

Haben Sie das Thema „Cyber-Resilienz" bereits als Teil Ihres Markenversprechens gegenüber Kunden und Partnern definiert?

Welchen strategischen Vorteil gewinnen Sie, wenn Ihre Organisation lernt, Veränderungen schneller und angstfreier zu adaptieren als Ihre Konkurrenz?

5.6 Einordnung für Entscheider:innen

NIS-2 ist kein Wendepunkt, sondern ein Verdichtungspunkt: Es bringt wenig fundamental Neues, macht aber sichtbar, was in Ihrer Organisation bereits vorhanden ist oder fehlt. Führung unter NIS-2 wird nicht an Vollständigkeit gemessen, sondern an Tragfähigkeit. Tragfähig sind Entscheidungen, die erklärt werden können, Strukturen, die unter Druck halten, und eine Führung, die Verantwortung nicht verschiebt. Es geht nicht um permanente Aufmerksamkeit oder eine neue Angstkultur, sondern um Ordnung.

Die größte Herausforderung ist nicht die Technik, sondern die Ehrlichkeit: Wo war Verantwortung bisher diffus? Wo diente Technik als Ersatz für Führung? Das NISG 2026 nimmt diesen Ausweichräumen den Platz. Wer Führung bereits heute ernst nimmt, wird wenig ändern müssen; wer sie bisher vermieden hat, kann sich nicht mehr verstecken. NIS-2 ist kein Zielzustand, es ist ein Spiegel. Was Sie darin sehen, entscheidet darüber, wie Sie Ihr Unternehmen weiterführen.

Leadership-Impact: Der finale Check

Die 24/7-Realität: Cybersicherheit ist eine Daueraufgabe der Führung (§ 31), kein Quartalsthema.

Haftungsminimierung: Ihre beste Versicherung gegen persönliche Haftung ist eine dokumentierte, konsistent gelebte Governance-Struktur.

Handlungsauftrag: Starten Sie nicht mit der IT, starten Sie mit Ihrem Board. Klären Sie Ihre Rollen, bevor Sie die erste technische Maßnahme freigeben.

Management-Reflexion

Was ist die wichtigste Erkenntnis, die Sie aus diesem Buch für Ihr nächstes Board-Meeting mitnehmen?

Welche erste konkrete Änderung in Ihrer persönlichen Aufsichtstätigkeit werden Sie morgen umsetzen?

Sind Sie bereit, den „Spiegel" NIS-2 als Chance für eine bessere Führungskultur in Ihrem gesamten Unternehmen zu begreifen?

5.7 Von der Führungslogik zur Entscheidungsarchitektur

Die vorangegangenen Kapitel haben NIS-2 nicht als Maßnahmenkatalog verstanden, sondern als Führungsregime. Im Zentrum stand die Unterscheidung zwischen operativer Reaktion und strategischer Verantwortung. Jeder erhebliche Vorfall wurde als Führungsereignis eingeordnet, das nicht primär technische, sondern unternehmerische Abwägungen verlangt.

Diese Betrachtung erfolgte in zwei Ebenen. Die Ebene des Leadership Impact beschreibt, wie digitale Risiken in den Verantwortungsraum des Leitungsorgans wirken. Sie klärt Zuständigkeit, Eskalation und Priorisierung. Sie beantwortet die Frage, wann aus einem technischen Ereignis eine strategische Entscheidung wird. Die Ebene der Management-Reflexion analysiert, wie Organisationen mit dieser Verantwortung strukturell umgehen. Sie thematisiert Entscheidungsreife, Dokumentationsdisziplin, Risikoakzeptanz und institutionelle Verankerung. Beide Ebenen sind analytisch unterscheidbar, in der Praxis jedoch untrennbar verbunden. Führung wirkt nur dann stabilisierend, wenn sie zugleich strukturiert reflektiert wird. Reflexion bleibt wirkungslos, wenn sie nicht in Entscheidung überführt wird.

An diesem Punkt setzt der folgende Praxisteil an. Die bisher entwickelte Führungslogik wird nun in konkrete Entscheidungsarchitekturen überführt. Ziel ist nicht die Ergänzung theoretischer Überlegungen, sondern deren Operationalisierung. Eskalationsmatrix, Executive Decision Sheet, Zeitstruktur und Board-Routine sind keine zusätzlichen Compliance-Instrumente. Sie sind institutionalisierte Formen von Leadership Impact und Management-Reflexion.

- Die Eskalationsmatrix operationalisiert den Leadership Impact. Sie definiert die Schwelle, ab der digitale Risiken in den unmittelbaren Verantwortungsbereich der Leitungsebene fallen.
- Das Executive Decision Sheet strukturiert die Management-Reflexion im Entscheidungsraum. Es zwingt zur bewussten Abwägung von Zielkonflikten und zur dokumentierten Risikoakzeptanz.

- Die 24 h/72 h-Zeitachse verknüpft regulatorische Fristen mit Führungslogik. Sie übersetzt Zeitdruck in strukturierte Steuerung.
- Die Board-Routine schließlich institutionalisiert beide Ebenen dauerhaft. Sie verhindert, dass Resilienz nur im Krisenmoment sichtbar wird.

Mit dieser Überführung verändert sich die Perspektive. Während die bisherigen Kapitel Denkmodell und Verantwortungsrahmen entwickelt haben, richtet sich der folgende Teil auf Anwendung. Nicht als Handbuch, sondern als Führungsinstrumentarium. Die Operationalisierung schließt die Systematik nicht ab. Sie vollendet sie. Leadership Impact ohne institutionelle Umsetzung bleibt punktuell. Management-Reflexion ohne Entscheidungsarchitektur bleibt abstrakt. Erst ihre Verbindung schafft professionelle Governance unter NIS-2.

Ihr Transfer in die Praxis

Haben Sie geklärt, wie Ihre Pflichten aus NIS-2, DSGVO und – falls einschlägig – DORA zusammenspielen, oder stehen sie isoliert nebeneinander?

Wissen Sie, wo Ihre Governance am stärksten angreifbar ist – oder würden Sie es erst im Auditgespräch erfahren?

Ist NIS-2 für Ihre Organisation eine Last, die Sie minimieren – oder ein Hebel, den Sie nutzen?

Bereiten Sie Ihr Unternehmen auf die Sanktionslogik vor – oder auf die Erwartung der Aufsichtsbehörde?

6

Teil V – Praxis: NIS-2 in der Führungsrealität

Was Sie aus diesem Teil mitnehmen:

Wie manifestiert sich Führungsverantwortung im konkreten Vorfall?
Welche typischen Entscheidungssituationen entstehen auf Leitungsebene?
Wann wird ein operatives Ereignis zum strategischen Einschnitt?
Wie bleibt Entscheidungsfähigkeit bei unvollständiger Informationslage erhalten?
Welche Instrumente sichern Handlungsfähigkeit unter Druck?

6.1 Vom Denkmodell zur Handlung

Dieses Buch hat bislang ein Führungsmodell beschrieben. Ab hier geht es nicht mehr um Verständnis, sondern um Anwendung. Ein Cybervorfall ist kein IT-Problem mit Management-Beteiligung. Er ist ein Führungsereignis mit technischer Dimension. Solange Systeme funktionieren, bleibt Verantwortung abstrakt. Im Ausnahmezustand wird sie konkret.

Der Unterschied zwischen Theorie und Praxis zeigt sich in einem einzigen Moment: Wenn unter Unsicherheit entschieden werden muss. In

F. Kopp, *Quick Guide NIS-2 in Österreich*, Quick Guide,
https://doi.org/10.1007/978-3-658-52049-6_6

diesem Teil geht es daher nicht um weitere Anforderungen. Es geht um Handlungsfähigkeit.

Praxis bedeutet:

- Klarheit über Rollen
- Klarheit über Eskalation
- Klarheit über Prioritäten
- Klarheit über Dokumentation
- Klarheit über Kommunikation

Fehlt eine dieser Klarheiten, wird aus einem Vorfall eine Führungskrise.

Warum jeder Vorfall ein Führungsereignis ist

Ein Cybervorfall beginnt selten spektakulär. Er kündigt sich nicht als Krise an, sondern als Störung. Eine Meldung aus dem Monitoring, eine ungewöhnliche Systemreaktion, ein Hinweis aus der IT. In diesem Stadium wirkt alles noch operativ. Die Organisation bleibt ruhig, weil sie davon ausgeht, dass das Problem dort gelöst wird, wo es entstanden ist. Genau in diesem Moment liegt die erste Führungsentscheidung – auch wenn sie oft unbewusst getroffen wird: Wird das Ereignis als rein technischer Zwischenfall behandelt oder als potenzielles Führungsereignis erkannt?

Die meisten Organisationen neigen dazu, Vorfälle zunächst zu isolieren. Man vertraut darauf, dass Fachbereiche ihre Aufgaben erledigen. Diese Haltung ist im Normalbetrieb richtig und effizient. Sie wird jedoch riskant, sobald das Ereignis nicht nur Systeme, sondern Entscheidungsräume betrifft. Ein Vorfall wird nicht durch seinen technischen Ursprung zum Führungsereignis. Er wird es durch seine Reichweite. Sobald Fragen entstehen wie: Können wir liefern? Müssen wir informieren? Dürfen wir weiterproduzieren? Akzeptieren wir dieses Risiko? – verlässt das Ereignis die operative Ebene. Es entsteht ein Raum, in dem Zielkonflikte sichtbar werden.

Sicherheit steht plötzlich gegen Wirtschaftlichkeit. Transparenz gegen Reputationsschutz. Geschwindigkeit gegen Sorgfalt. Jede Option trägt ein Risiko in sich, und keine technische Maßnahme kann diese Abwägung vollständig auflösen. In diesem Moment beginnt Führung. Viele Geschäftsführungen erleben diesen Übergang nicht bewusst. Sie werden informiert, wenn bereits Druck entstanden ist. Dann erscheinen Entscheidungen hektisch, fragmentiert oder reaktiv. Das Problem ist nicht fehlende Kompetenz, sondern fehlende Vorverlagerung. Führung beginnt nicht im Krisenraum, sondern in der gedanklichen Vorbereitung auf diesen Moment.

NIS-2 verschiebt genau diesen Punkt. Es verlangt nicht nur technische Resilienz, sondern organisatorische Wachheit. Die Frage lautet nicht mehr: Können wir den Vorfall technisch beheben? Sondern: Haben wir die Struktur, um unter Unsicherheit unternehmerisch tragfähig zu entscheiden? Ein Vorfall ist deshalb immer ein Führungsereignis, weil er implizit prüft, ob Verantwortung klar gebündelt ist. Wer entscheidet, wenn Informationen widersprüchlich sind? Wer priorisiert, wenn mehrere Risiken gleichzeitig auftreten? Wer trägt die Entscheidung, wenn keine Option risikofrei ist? In stabilen Zeiten lassen sich diese Fragen theoretisch diskutieren. Im Ernstfall müssen sie beantwortet werden. Und genau hier zeigt sich der Unterschied zwischen formaler Zuständigkeit und gelebter Verantwortung. Organisationen mit klaren Entscheidungsarchitekturen erleben Vorfälle als Herausforderung. Organisationen mit diffusen Verantwortlichkeiten erleben sie als Kontrollverlust.

Ein Führungsereignis ist daher kein Sonderzustand. Es ist ein Moment erhöhter Verdichtung. Alles, was zuvor strukturell angelegt wurde – oder eben nicht –, tritt offen zutage. Governance wird sichtbar. Eskalationswege werden belastet. Kommunikationslogiken werden getestet. Wer in diesem Moment glaubt, es handle sich primär um ein IT-Thema, unterschätzt die Tragweite. Technik stabilisiert Systeme. Führung stabilisiert Orientierung. Die Praxis beginnt nicht mit dem Vorfall. Sie beginnt mit der Einsicht, dass jeder Vorfall ein Test der Führungsstruktur ist. Wer diesen Test antizipiert, führt ruhiger. Wer ihn verdrängt, reagiert hektisch.

Und genau deshalb muss vor jeder operativen Reaktion eine strukturelle Klarheit stehen: Ab wann wird es Chefsache? Mit dieser Frage beginnt die Steuerbarkeit unter Druck.

Steuerbarkeit unter Druck

Steuerbarkeit ist im Alltag kaum sichtbar. Sie zeigt sich nicht in stabilen Quartalszahlen, nicht in funktionierenden Systemen und auch nicht in routinierten Reportings. Im Normalbetrieb wirkt Organisation selbstverständlich. Zuständigkeiten greifen, Entscheidungen folgen gewohnten Mustern, Risiken erscheinen kalkulierbar. Genau diese Selbstverständlichkeit verdeckt jedoch, ob eine Organisation tatsächlich steuerbar ist – oder nur gut organisiert wirkt.

Der Ernstfall verändert diese Wahrnehmung schlagartig. Informationen verdichten sich, Unsicherheiten nehmen zu, Zeit wird knapp. Was im Alltag durch Abstimmung, Konsens oder Delegation gelöst werden kann, muss nun priorisiert werden. Steuerbarkeit zeigt sich nicht darin, ob jede Information vorliegt, sondern darin, ob trotz fehlender Information entschieden werden kann. Druck erzeugt Beschleunigung, aber auch Fragmentierung. Fachbereiche beginnen parallel zu handeln, um Schaden zu begrenzen. Kommunikation intensiviert sich, oft ohne klare Hierarchie. Berichte werden häufiger, aber nicht zwingend klarer. In dieser Phase entsteht ein paradoxes Risiko: Je mehr Aktivität, desto weniger Orientierung. Eine steuerbare Organisation reduziert in diesem Moment Komplexität. Sie bündelt Entscheidungsgewalt bewusst und temporär dort, wo sie getragen werden kann. Sie akzeptiert, dass nicht jede Perspektive gleichzeitig berücksichtigt werden kann. Sie priorisiert nicht auf Basis technischer Dringlichkeit allein, sondern auf Basis unternehmerischer Tragweite.

Steuerbarkeit unter Druck bedeutet daher nicht, möglichst viele Maßnahmen gleichzeitig einzuleiten. Sie bedeutet, Reihenfolgen festzulegen. Sie bedeutet, Verantwortung sichtbar zu machen. Und sie bedeutet, den Mut zu haben, Unsicherheit nicht vollständig auflösen zu können. In vielen Unternehmen entsteht unter Druck eine stille Rückdelegation. Operative Einheiten stoßen an Grenzen und erwarten implizit Entscheidungen von oben. Gleichzeitig zögert die Führung, weil sie auf vollständige Lagebilder wartet. Zwischen diesen Ebenen entsteht ein Vakuum. Genau dieses Vakuum ist der Moment, in dem Steuerbarkeit kippt.

NIS-2 verschärft diesen Druck nicht künstlich. Es macht ihn lediglich formell relevant. Meldefristen, Dokumentationspflichten und Aufsichtserwartungen verkürzen die Zeit, in der Unsicherheit toleriert werden kann. Wer hier erst beginnt, Entscheidungsräume zu definieren, hat bereits wertvolle Handlungsfähigkeit verloren. Steuerbarkeit unter Druck beruht daher auf drei strukturellen Voraussetzungen: klare Eskalationsschwellen, definierte

Entscheidungszuständigkeiten und eine geübte Kommunikationslogik. Fehlt eine dieser Komponenten, entsteht Reibung. Und Reibung kostet Zeit – nicht im technischen Sinne, sondern im unternehmerischen. Druck ist kein Ausnahmezustand, der vermieden werden kann. Er ist integraler Bestandteil digitaler Abhängigkeit. Die Frage lautet nicht, ob eine Organisation unter Druck gerät, sondern wie sie sich dort verhält. Wer Steuerbarkeit als Führungsaufgabe begreift, sorgt dafür, dass auch im verdichteten Moment Orientierung bestehen bleibt.

Steuerbarkeit ist somit kein technisches Qualitätsmerkmal. Sie ist das Ergebnis klarer Führung. Und sie entscheidet darüber, ob ein Vorfall beherrschbar bleibt oder sich zur strukturellen Krise ausweitet. An dieser Stelle verschiebt sich der Fokus: Nicht die technische Ausstattung ist ausschlaggebend, sondern die Reife der Entscheidung. Damit wird eine zweite Dimension sichtbar – die Entscheidungsreife.

Entscheidungsreife statt Technikreife

In vielen Organisationen wird Cybersicherheit in erster Linie technisch gedacht. Investitionen in Infrastruktur, Monitoring, Redundanz und externe Spezialisten vermitteln ein Gefühl von Kontrolle. Dieses Gefühl ist nicht unbegründet. Technik reduziert Risiken, erhöht Transparenz und schafft Handlungsoptionen. Doch sie ersetzt keine Entscheidung. Technikreife ist messbar. Sie lässt sich in Audits abbilden, in Zertifizierungen dokumentieren und in Budgets quantifizieren.

Entscheidungsreife hingegen ist weniger sichtbar. Sie zeigt sich nicht in Dashboards, sondern in Momenten der Abwägung. Sie wird nicht durch Tools hergestellt, sondern durch Klarheit über Verantwortung. Ein Unternehmen kann technisch hervorragend aufgestellt sein und dennoch führungsschwach agieren. Es kann Systeme schnell wiederherstellen und gleichzeitig zögern, wenn es um unternehmerische Prioritäten geht. Genau hier entsteht eine Diskrepanz, die im Normalbetrieb unauffällig bleibt, im Ernstfall jedoch gravierend wirkt.

Entscheidungsreife bedeutet, Zielkonflikte nicht zu vermeiden, sondern zu benennen. Sie bedeutet, zwischen Risikoeliminierung und Risikoakzeptanz bewusst zu unterscheiden. Sie verlangt die Fähigkeit, zwischen technisch möglicher Lösung und unternehmerisch tragfähiger Lösung zu differenzieren. NIS-2 fordert keine vollständige Risikofreiheit. Es fordert Angemessenheit. Diese Angemessenheit ist keine technische Kategorie, sondern eine Führungsentscheidung. Sie entsteht aus der Bewertung von Wahrscheinlichkeit, Schadenshöhe, Abhängigkeiten und strategischer Bedeutung. Fachbereiche liefern hierfür Analysen. Die Letztverantwortung für die Einordnung bleibt jedoch auf Leitungsebene.

Entscheidungsreife zeigt sich auch im Umgang mit Restunsicherheit. Wer versucht, jede Unsicherheit vor einer Entscheidung vollständig zu eliminieren, verlagert Verantwortung in die Zukunft. Doch im Ernstfall ist Zeit selbst ein Risiko. Verzögerung kann gravierendere Folgen haben als eine revidierbare Entscheidung. Reife bedeutet daher nicht Unfehlbarkeit. Sie bedeutet Struktur. Sie bedeutet, dass klar ist, wer entscheidet, auf welcher Informationsbasis und mit welchem Dokumentationsstandard. Sie bedeutet, dass eine Entscheidung später nachvollzogen werden kann – nicht, weil sie perfekt war, sondern weil sie verantwortungsvoll getroffen wurde.

Viele Organisationen investieren hohe Summen in Technik, ohne gleichzeitig ihre

Entscheidungsarchitektur zu prüfen. Das führt zu einer gefährlichen Asymmetrie: Systeme sind robust, Entscheidungswege jedoch fragil. Unter Druck entsteht dann nicht technisches Versagen, sondern Führungsunsicherheit. Technikreife schützt vor bestimmten Szenarien.

Entscheidungsreife schützt vor Orientierungslosigkeit. Sie ist damit die eigentliche Ressource unter regulatorischem Druck. Wenn Technik und Entscheidungsreife ineinandergreifen, entsteht Resilienz. Wenn sie auseinanderfallen, entsteht Instabilität. Genau an dieser Schnittstelle entscheidet sich, ob Incident Response und Leadership Response sauber getrennt und zugleich verbunden sind. Damit wird die nächste Unterscheidung relevant: die Differenz zwischen operativer Reaktion und Führungsreaktion.

Der Unterschied zwischen Incident Response und Leadership Response

Wenn ein Cybervorfall eintritt, aktiviert die Organisation zunächst ihre operativen Routinen. IT-Teams analysieren Logs, isolieren Systeme, prüfen Backups und versuchen, Ausbreitung zu verhindern. Diese Phase folgt klaren technischen Mustern. Sie ist notwendig, professionell und häufig eingespielt. Man spricht hier von Incident Response. Incident Response hat ein klares Ziel: Stabilisierung der Systeme. Sie ist faktenorientiert, methodisch und regelbasiert. Ihre Logik ist operativ. Sie fragt: Was ist passiert? Wie begrenzen wir den Schaden? Wie stellen wir den Normalbetrieb wieder her?

Parallel dazu – und oft weniger sichtbar – entsteht jedoch eine zweite Ebene. Während die Technik stabilisiert, verschiebt sich der Fokus auf unternehmerische Auswirkungen. Lieferverpflichtungen geraten in Gefahr, regulatorische Fristen laufen, Medienanfragen treffen ein, interne Unsicherheit wächst. Hier beginnt die Leadership Response. Leadership Response verfolgt ein anderes Ziel. Sie stabilisiert nicht Systeme, sondern Orientierung. Sie klärt Prioritäten, entscheidet über Eskalation, definiert Kommunikationslinien und bewertet Risiken im strategischen Kontext. Während Incident Response faktengetrieben ist, ist Leadership Response abwägungsgetrieben.

Beide Ebenen sind voneinander abhängig, aber nicht identisch. Verwechselt eine Organisation diese Rollen, entstehen zwei typische Fehlmuster. Entweder mischt sich die Führung operativ ein und versucht, technische Details zu steuern, wodurch Entscheidungswege verlangsamt werden. Oder sie zieht sich vollständig zurück und überlässt unternehmerische Abwägungen implizit den Fachbereichen. In beiden Fällen entsteht ein Vakuum. Entweder verliert die Technik Geschwindigkeit oder die Führung verliert Überblick. Resilienz entsteht jedoch nur, wenn beide Reaktionen klar getrennt und zugleich koordiniert sind. Leadership Response bedeutet nicht, technische Lösungen zu bewerten. Sie bedeutet, den Rahmen zu setzen, in dem diese Lösungen unternehmerisch eingeordnet werden. Sie entscheidet, welche Risiken akzeptiert werden, wann eine Meldung erfolgt, welche Botschaft nach außen geht und welche Priorität gilt, wenn mehrere Ziele gleichzeitig bedroht sind.

Diese Unterscheidung ist unter NIS-2 zentral. Das Gesetz adressiert nicht die operative Fehlerbehebung, sondern die organisatorische Beherrschung von Risiken. Es fragt nicht nur, ob ein Vorfall technisch bearbeitet wurde, sondern ob die Leitung ihrer Überwachungs- und Entscheidungsverantwortung nachgekommen ist. Leadership Response beginnt daher nicht erst im Krisenraum. Sie beginnt in der Vorbereitung klarer Entscheidungsarchitekturen. Sie verlangt definierte Eskalationsschwellen, klare Zuständigkeiten und eine geübte Dokumentationspraxis. Ohne diese Struktur wird aus Incident Response schnell ein isolierter Reparaturversuch. Erst wenn beide Ebenen – die operative Reaktion und die Führungsreaktion – ineinandergreifen, entsteht echte Handlungsfähigkeit. Technik begrenzt Schaden. Führung begrenzt Orientierungslosigkeit. Mit dieser Unterscheidung ist die Grundlage für den nächsten Schritt gelegt. Wenn klar ist, dass jeder Vorfall ein Führungsereignis ist, dass Steuerbarkeit unter Druck sichtbar wird und dass Entscheidungsreife über Technikreife entscheidet, dann stellt sich die nächste praktische Frage:

Wie sieht eine Leadership Response konkret aus?

Damit beginnt der Executive Incident Plan.

6.2 Die Führungslogik im Ernstfall

Ein Ernstfall verändert nicht nur Abläufe. Er verändert Wahrnehmung. Was im Alltag selbstverständlich wirkt, wird unter Druck fragil. Informationen verlieren an Eindeutigkeit. Gewohnte Routinen geraten ins Wanken. Einschätzungen divergieren. Genau hier entscheidet sich, ob Führung stabilisiert oder destabilisiert. Die größte Illusion im Krisenmoment ist die Annahme, es müsse zunächst vollständige Klarheit hergestellt werden, bevor entschieden werden kann. Diese Erwartung ist verständlich – aber gefährlich. Sie führt zu Verzögerung, zu Abstimmungsschleifen und zu einer impliziten Verantwortungsdiffusion. Der Versuch, Unsicherheit vollständig aufzulösen, vergrößert sie häufig.

Führungslogik im Ernstfall folgt daher einer anderen Struktur als im Normalbetrieb. Sie priorisiert nicht Vollständigkeit, sondern Tragfähigkeit. Sie sucht nicht perfekte Information, sondern ausreichende Entscheidungsgrundlagen. Und sie akzeptiert, dass jede Entscheidung revidierbar bleiben muss. Im Zentrum steht nicht die Frage: „Was ist technisch richtig?" Sondern: „Was ist unternehmerisch verantwortbar?" Diese Verschiebung ist subtil, aber entscheidend. Technik bewertet Machbarkeit. Führung bewertet Wirkung. Technik analysiert Ursachen. Führung priorisiert Konsequenzen. Beide Perspektiven sind notwendig, doch sie folgen unterschiedlichen Kriterien.

Der Ernstfall verdichtet Zielkonflikte. Sicherheit kann Produktionsfähigkeit beeinträchtigen. Offenheit kann juristische Risiken erhöhen. Abwarten kann Stabilität gefährden, voreiliges Handeln kann Schaden vergrößern. In dieser Verdichtung zeigt sich, ob Prioritäten vorab geklärt wurden oder erst situativ ausgehandelt werden. Führung im Ernstfall bedeutet deshalb nicht Dominanz, sondern Orientierung. Sie reduziert Komplexität, indem sie klare Leitplanken setzt. Sie definiert, welche Ziele in welcher Reihenfolge gelten. Sie klärt, wer spricht und wer entscheidet. Und sie hält diese Struktur auch dann stabil, wenn Druck zunimmt.

Ein weiteres Charakteristikum der Führungslogik unter NIS-2 ist die Sichtbarkeit. Entscheidungen bleiben nicht intern. Sie können regulatorisch überprüft, dokumentiert und retrospektiv bewertet werden. Das verändert die Qualität der Abwägung. Führung muss nicht nur wirksam, sondern auch nachvollziehbar sein. Doch Nachvollziehbarkeit entsteht nicht durch nachträgliche Rechtfertigung, sondern durch strukturiertes Vorgehen im Moment der Entscheidung. Wer Abwägungen dokumentiert, schützt nicht nur das Unternehmen, sondern auch sich selbst als Leitungsorgan. Im Ernstfall verschiebt sich daher der Maßstab von Kontrolle zu Verantwortung. Kontrolle versucht, Unsicherheit zu beherrschen. Verantwortung akzeptiert Unsicherheit und trifft dennoch eine Entscheidung. Diese Haltung wirkt nach innen stabilisierend und nach außen souverän.

Die Führungslogik unter NIS-2 ist damit keine Krisenrhetorik. Sie ist eine Disziplin. Sie verlangt Klarheit über Rollen, über Eskalationsschwellen und über dokumentierte Risikoakzeptanz. Wer diese Disziplin nicht im Vorfeld etabliert hat, wird sie im Ernstfall nicht improvisieren können. Bevor wir nun die konkrete Struktur eines Executive Incident Plans entwickeln, ist es notwendig, diese Logik weiter zu präzisieren. Führung unter Druck folgt bestimmten Prinzipien. Sie sind nicht operativ, sondern strukturell. Und sie entscheiden darüber, ob ein Vorfall als kontrollierbarer Ausnahmezustand erlebt wird – oder als Kontrollverlust.

Klarheit vor Geschwindigkeit

Der Reflex im Ernstfall ist Geschwindigkeit. Sobald ein Vorfall sichtbar wird, entsteht das Bedürfnis, sofort zu handeln. Aktivität vermittelt Kontrolle. Entscheidungen erscheinen dringlich, Maßnahmen überfällig, Kommunikation unausweichlich. Geschwindigkeit wirkt wie ein Gegenmittel zur Unsicherheit. Doch Geschwindigkeit ohne Klarheit erzeugt Reibung. Und Reibung ist unter Druck teurer als Verzögerung. Klarheit bedeutet nicht, alle Informationen zu besitzen. Sie bedeutet, die Struktur des Entscheidungsraums zu verstehen. Wer entscheidet? Worüber wird entschieden? Welche Priorität gilt? Welche Ziele sind unantastbar, welche verhandelbar?

Ohne diese Vorabklärung entsteht hektische Parallelität. Fachbereiche agieren simultan, Kommunikationslinien überschneiden sich, Verantwortlichkeiten verschwimmen. Jede Maßnahme mag für sich betrachtet sinnvoll erscheinen – in der Summe entsteht jedoch Unordnung.

Geschwindigkeit ersetzt dann Orientierung. Gerade im Kontext von NIS-2 ist dieser Unterschied entscheidend. Meldefristen erzeugen zeitlichen Druck. Doch sie verlangen keine übereilte, sondern eine strukturierte Reaktion. Die Qualität einer Frühwarnmeldung bemisst sich nicht an ihrer Eile, sondern an ihrer Nachvollziehbarkeit. Wer unter Zeitdruck unklare oder widersprüchliche Informationen kommuniziert, verschärft das Problem.

Klarheit beginnt mit einer bewussten Verlangsamung des ersten Moments. Nicht im Sinne von Untätigkeit, sondern im Sinne der Strukturierung. Die ersten Minuten entscheiden nicht über die technische Lösung, sondern über die Ordnung des Vorgehens. Wird der Krisenstab sauber aktiviert? Ist klar, wer protokolliert? Ist definiert, wer nach außen spricht? Wurde der Eskalationspunkt bewusst gesetzt? Viele Führungskräfte unterschätzen die Bedeutung dieser Anfangsphase. Sie verwechseln operative Dynamik mit unternehmerischer Handlungsfähigkeit. Doch Handlungsfähigkeit entsteht nicht aus Aktionismus, sondern aus Priorisierung. Klarheit vor Geschwindigkeit bedeutet daher, sich eine zentrale Frage zu stellen: Ist die Organisation gerade strukturiert – oder nur schnell?

Eine strukturierte Organisation kann Geschwindigkeit erzeugen, wenn sie notwendig ist. Eine schnelle, aber unstrukturierte Organisation verliert unter Druck ihre Konsistenz. Aussagen widersprechen sich, Entscheidungen werden revidiert, Zuständigkeiten wechseln. Was intern als Flexibilität gemeint ist, wirkt extern wie Kontrollverlust. Führung im Ernstfall ist deshalb nicht die lauteste Stimme im Raum, sondern diejenige, die den Raum ordnet. Sie definiert, welche Informationen entscheidungsrelevant sind und welche vorerst zurückgestellt werden. Sie schützt den technischen Prozess vor strategischer Übersteuerung und den strategischen Prozess vor operativer Fragmentierung. Klarheit ist kein Luxus des Normalbetriebs. Sie ist die Voraussetzung für wirksame Geschwindigkeit. Erst wenn Rollen, Prioritäten und Kommunikationswege definiert sind, entfaltet Tempo seine Wirkung.

Wer Klarheit überspringt, beschleunigt nicht – er destabilisiert. Mit dieser Einsicht verschiebt sich der nächste Fokus: Nicht jede Zuständigkeit darf unter Druck neu verhandelt werden.

Damit kommen wir zum zweiten Prinzip der Führungslogik im Ernstfall.

Zuständigkeit vor Aktionismus

Wenn ein Vorfall eskaliert, entsteht ein natürlicher Impuls zur Beteiligung. Informationen werden geteilt, Führungskräfte schalten sich ein, Abstimmungen verdichten sich. Beteiligung wirkt verantwortungsvoll. Doch unter Druck kann sie in Aktionismus kippen. Aktionismus entsteht dort, wo Zuständigkeit unklar ist. Solange im Normalbetrieb gearbeitet wird, sind Rollen verteilt. Die IT verantwortet Systeme, die Rechtsabteilung regulatorische Fragen, die Kommunikation externe Botschaften. Diese Verteilung funktioniert, solange Entscheidungen innerhalb der jeweiligen Fachlogik bleiben. Im Ausnahmezustand jedoch überschneiden sich diese Logiken. Sicherheit, Wirtschaftlichkeit, Reputation und Recht kollidieren.

Wenn nun nicht klar definiert ist, wer den Zielkonflikt entscheidet, beginnt implizite Machtverlagerung. Fachbereiche versuchen, ihre Perspektive durchzusetzen. Führungskräfte greifen punktuell ein. Entscheidungen werden vertagt oder in größere Runden verschoben. Was als gemeinsames Verantwortungsgefühl beginnt, endet häufig in Diffusion.

Zuständigkeit ist im Ernstfall keine formale Frage, sondern eine stabilisierende Kraft. Sie schafft Ruhe. Wer weiß, dass eine bestimmte Person oder ein klar definiertes Gremium die Letztentscheidung trägt, arbeitet fokussierter. Diskussionen werden zielgerichteter. Informationen werden präziser aufbereitet.

Unter NIS-2 gewinnt diese Klarheit zusätzlich an Bedeutung. Die Verantwortung des Leitungsorgans ist nicht delegierbar. Aufgaben können übertragen werden,

Entscheidungsbefugnis in Zielkonflikten nicht. Wenn diese Unterscheidung im Ernstfall verschwimmt, entsteht ein strukturelles Risiko – nicht nur operativ, sondern auch haftungsrechtlich. Zuständigkeit bedeutet daher mehr als Organigramm. Sie bedeutet, dass Eskalationsschwellen klar definiert sind. Ab welchem Punkt verlässt ein Vorfall die operative Ebene? Wann wird das Leitungsorgan zwingend einbezogen? Welche Entscheidungen bleiben in der Fachverantwortung, welche sind unternehmerisch?

Aktionismus ist häufig ein Symptom fehlender Vorabklärung. Wenn nicht klar ist, wer entscheidet, wird gehandelt, um Handlungsfähigkeit zu simulieren. Maßnahmen werden ergriffen, ohne dass ihr strategischer Rahmen abgestimmt ist. Kommunikation erfolgt, bevor Prioritäten festgelegt wurden. Geschwindigkeit ersetzt Struktur. Eine reife Führungsarchitektur erkennt diesen Mechanismus. Sie akzeptiert, dass nicht jede Stimme im Ernstfall gleichgewichtet werden kann. Sie bündelt Entscheidungsgewalt bewusst und temporär. Das bedeutet nicht Autoritarismus, sondern Klarheit. Zuständigkeit vor Aktionismus heißt auch, dass Führung nicht operativ übersteuert. Wenn sich das Leitungsorgan in technische Detailfragen einmischt, entsteht ein zweites Problem: Die operative Ebene verliert Autonomie, während die strategische Ebene operative Verantwortung übernimmt. Beide Ebenen werden instabil.

Führung im Ernstfall ordnet daher nicht nur den Entscheidungsraum, sondern auch die eigene Rolle. Sie definiert klar, was in ihrer Verantwortung liegt – und was nicht. Diese Selbstbegrenzung ist kein Rückzug, sondern Ausdruck von Professionalität. Erst wenn Zuständigkeiten klar sind, kann Tempo sinnvoll entstehen. Ohne diese Klarheit wird Geschwindigkeit zur Belastung. Damit verdichtet sich ein weiteres Prinzip: Nicht jede Entscheidung kann warten, bis vollständige Sicherheit besteht.

Das nächste Element der Führungslogik lautet daher: Entscheidung vor Perfektion.

Entscheidung vor Perfektion
Der Wunsch nach Perfektion ist im Ernstfall verständlich. Je größer die Tragweite eines Vorfalls, desto stärker wächst das Bedürfnis, jede Unsicherheit vor einer Entscheidung zu eliminieren. Führungskräfte wollen sicherstellen, dass alle Fakten geprüft, alle Optionen bewertet und alle Risiken quantifiziert wurden. Dieser Anspruch ist Ausdruck von Verantwortung – und zugleich eine potenzielle Blockade. Perfektion setzt Vollständigkeit voraus. Der Ernstfall jedoch produziert Unvollständigkeit. Informationen sind fragmentarisch, technische Analysen laufen parallel, externe Einschätzungen ändern sich. Wer in dieser Phase auf ein vollständig konsolidiertes Lagebild wartet, verlagert Verantwortung in die Zukunft. Die Organisation bleibt in einer Schwebephase, in der weder entschieden noch eindeutig kommuniziert wird. Unsicherheit wird dadurch nicht reduziert, sondern verlängert.

Entscheidungsreife bedeutet daher, den Unterschied zwischen optimaler und tragfähiger Entscheidung zu erkennen. Eine tragfähige Entscheidung basiert auf der bestmöglichen Informationslage im Entscheidungszeitpunkt. Sie ist dokumentiert, begründet und revidierbar. Sie beansprucht keine Unfehlbarkeit. Gerade unter NIS-2 gewinnt diese Unterscheidung an Gewicht. Das Gesetz verlangt keine perfekten Entscheidungen, sondern angemessene Maßnahmen und nachvollziehbare Abwägungen. Entscheidend ist nicht, ob sich eine Maßnahme im Nachhinein als ideal erweist, sondern ob sie zum Zeitpunkt der Entscheidung verantwortungsvoll war. Perfektionismus im Krisenmodus führt häufig zu zwei Fehlmustern. Entweder werden Entscheidungen vertagt, bis „alle Fakten" vorliegen – was faktisch nie der Fall ist. Oder es werden so viele Abstimmungsschleifen eingebaut, dass Verantwortung kollektiv verwischt. Beides schwächt die Führungsposition.

Eine Entscheidung unter Unsicherheit zu treffen bedeutet nicht, Risiken zu ignorieren. Es bedeutet, sie bewusst zu tragen. Diese Haltung erfordert Klarheit über die eigene Rolle. Wer entscheidet, übernimmt Verantwortung – auch für die Möglichkeit, später korrigieren zu müssen. Revidierbarkeit ist deshalb kein Zeichen von Schwäche, sondern von

Struktur. Eine Organisation, die Entscheidungen dokumentiert und bei veränderter Lage anpasst, zeigt Reife. Eine Organisation, die Entscheidungen vermeidet, um Kritik zu entgehen, zeigt Unsicherheit. Entscheidung vor Perfektion heißt auch, Prioritäten klar zu setzen. Nicht jede Frage kann gleichzeitig gelöst werden. Nicht jedes Risiko kann parallel eliminiert werden. Führung besteht darin, eine Reihenfolge festzulegen und diese konsistent zu kommunizieren.

Im Ernstfall zählt nicht die Illusion vollständiger Sicherheit, sondern die Fähigkeit zur verantworteten Bewegung. Damit entsteht eine weitere Dimension: Entscheidungen müssen nicht nur getroffen, sondern auch festgehalten werden.

Hier zeigt sich, ob Dokumentation als Pflicht oder als Schutz verstanden wird.

Dokumentation vor Rechtfertigung

In Krisensituationen entsteht häufig eine stille Angst vor der Dokumentation. Entscheidungen wirken vorläufig, Informationen sind unsicher, Abwägungen komplex. Der Impuls liegt nahe, zunächst zu handeln und erst später festzuhalten, was geschehen ist. Dokumentation erscheint in diesem Moment wie ein bürokratischer Zusatzaufwand. Genau hier liegt ein Missverständnis. Dokumentation im Sinne von NIS-2 ist keine nachträgliche Absicherung. Sie ist Teil der Entscheidung selbst. Wer eine Entscheidung trifft, ohne ihre Grundlage sichtbar zu machen, erzeugt im Nachhinein Interpretationsspielräume. Was im Moment klar erschien, wirkt retrospektiv beliebig oder unstrukturiert.

Rechtfertigung ist rückwärtsgewandt. Sie versucht zu erklären, warum etwas schwierig war. Dokumentation ist gegenwartsorientiert. Sie hält fest, welche Informationen vorlagen, welche Alternativen geprüft wurden und warum eine bestimmte Priorität gesetzt wurde. Dieser Unterschied ist subtil, aber entscheidend. Eine Organisation, die dokumentiert, bevor sie sich rechtfertigen muss, bewahrt ihre Souveränität. Sie zeigt, dass Führung stattgefunden hat – nicht, dass sie im Nachhinein konstruiert wird. Unter NIS-2 ist diese Nachvollziehbarkeit nicht optional. Meldepflichten, Prüfberichte und mögliche Aufsichtsmaßnahmen setzen voraus, dass Entscheidungsprozesse rekonstruierbar sind. Entscheidend ist dabei nicht die Länge der Dokumente, sondern ihre Klarheit. Es genügt nicht, Maßnahmen aufzulisten. Relevant ist, wie sie zustande kamen.

Dokumentation schützt daher in zweifacher Hinsicht. Sie stabilisiert intern, weil sie Klarheit schafft. Und sie schützt extern, weil sie belegt, dass Verantwortung wahrgenommen wurde. Wer im Entscheidungszeitpunkt strukturiert dokumentiert, reduziert spätere Haftungsunsicherheiten erheblich. Typischerweise zeigt sich im Ernstfall ein anderes Muster. Diskussionen werden intensiv geführt, aber nicht systematisch festgehalten. Entscheidungen werden getroffen, aber ihre Begründung bleibt implizit. Wochen später ist nicht mehr eindeutig rekonstruierbar, welche Informationslage damals bestand. Genau hier entsteht retrospektive Unsicherheit. Dokumentation vor Rechtfertigung bedeutet daher, die Abwägung sichtbar zu machen – nicht nur das Ergebnis. Welche Risiken wurden identifiziert? Welche Optionen verworfen? Welche Annahmen galten? Diese Fragen sind im Moment der Entscheidung einfacher zu beantworten als Monate später. Eine reife Führungsstruktur integriert Dokumentation nicht als Kontrollinstrument, sondern als Bestandteil von Governance. Sie versteht sie als strukturelle Selbstvergewisserung. Nicht um Fehler zu vermeiden, sondern um Verantwortung transparent zu tragen. Mit dieser Klarheit wird eine weitere Dimension sichtbar: Entscheidungen wirken nicht nur nach innen, sondern auch nach außen. Und genau dort entscheidet sich, ob Kommunikation Stabilität schafft – oder Kontrollverlust.

Kommunikation vor Kontrollillusion

Im Ernstfall entsteht Kommunikation unabhängig davon, ob sie gesteuert wird oder nicht. Mitarbeitende tauschen Informationen aus, Kunden stellen Fragen, Medien recherchieren, soziale Netzwerke reagieren. Schweigen erzeugt in dieser Phase keine Stabilität, sondern Interpretationsräume. Die Versuchung liegt nahe, Kommunikation so lange zurückzuhalten, bis vollständige Klarheit herrscht. Dahinter steht die Hoffnung, Kontrolle zu bewahren. Doch Kontrolle im Sinne vollständiger Informationshoheit ist im digitalen Kontext eine Illusion. Was nicht kommuniziert wird, wird vermutet. Und Vermutungen entwickeln eine eigene Dynamik. Kommunikation unter NIS-2 bedeutet daher nicht, jedes Detail offenzulegen. Sie bedeutet, Orientierung zu geben. Führung signalisiert, dass die Situation erkannt wurde, dass strukturiert gehandelt wird und dass weitere Informationen folgen. Diese Haltung wirkt stabilisierend – intern wie extern.

Kontrollillusion entsteht, wenn Führung versucht, Unsicherheit durch absolute Sicherheitssignale zu ersetzen. Formulierungen wie „alles unter Kontrolle" mögen kurzfristig beruhigen, werden jedoch gefährlich, wenn sich die Lage verändert. Jede Korrektur wirkt dann wie ein Vertrauensbruch. Souveräne Kommunikation akzeptiert Unsicherheit als Realität. Sie unterscheidet klar zwischen gesichertem Wissen und vorläufiger Einschätzung. Sie vermeidet Überpräzision und vermeidet ebenso dramatische Zuspitzung. Vor allem aber ist sie konsistent. Konsistenz ist im Ernstfall wertvoller als Detailtiefe. Wenn unterschiedliche Führungsebenen unterschiedliche Botschaften senden, entsteht Verwirrung. Mitarbeitende wissen nicht, welcher Linie sie folgen sollen. Externe Partner zweifeln an der Koordination. Aufsichtsbehörden interpretieren Inkonsistenz als mangelnde Steuerbarkeit. Unter NIS-2 erhält Kommunikation zudem eine regulatorische Dimension. Meldepflichten, Informationspflichten gegenüber Dienstempfängern und mögliche behördliche Anordnungen zur Veröffentlichung machen deutlich, dass Kommunikation kein freiwilliger Akt ist. Sie ist Teil der Führungsverantwortung.

Doch selbst jenseits regulatorischer Anforderungen bleibt die kommunikative Dimension zentral. Vertrauen ist eine strategische Ressource. Es entsteht nicht aus Fehlerfreiheit, sondern aus Verlässlichkeit. Wer frühzeitig, strukturiert und transparent kommuniziert, signalisiert Führung. Wer sich zurückzieht, signalisiert Unsicherheit.

Kommunikation vor Kontrollillusion bedeutet daher, den Anspruch auf totale Steuerung aufzugeben und stattdessen Orientierung anzubieten. Sie verlangt eine klare Rollenverteilung: Wer spricht? Wer gibt frei? Wer koordiniert Botschaften? Diese Fragen dürfen im Ernstfall nicht improvisiert werden. Wenn Klarheit, Zuständigkeit, Entscheidung, Dokumentation und Kommunikation ineinandergreifen, entsteht ein stabiler Führungsrahmen. Erst auf dieser Grundlage kann ein konkreter Handlungsplan wirksam werden.

Damit ist die innere Logik gelegt. Nun stellt sich die praktische Frage: Wie wird diese Führungsarchitektur in einem strukturierten Vorgehen abgebildet? Damit beginnt der Executive Incident Plan.

6.3 Der NIS-2 Executive Incident Plan

Ein Incident Plan ist kein technisches Dokument. Er ist auch kein juristischer Leitfaden. Für die operative Ebene existieren Runbooks, Playbooks und Wiederherstellungspläne. Der Executive Incident Plan verfolgt eine andere Logik. Er strukturiert nicht Systeme, sondern Entscheidungen. Seine Aufgabe besteht darin, die im Ernstfall notwendige Leadership Response in eine klare Abfolge von Handlungsräumen zu überführen. Er beantwortet nicht die Frage, wie ein Server wiederhergestellt wird, sondern wann ein Vorfall zur Chefsache wird, wer entscheidet und wie unter Unsicherheit priorisiert wird.

Der Executive Incident Plan ist daher kein zusätzlicher Prozess neben der Incident Response. Er ist ihr strategisches Gegenstück. Während die operative Ebene technische Stabilität herstellt, stellt die Führung strukturelle Stabilität her. Damit dieser Plan wirksam ist, darf er nicht im Ernstfall erstmals gelesen werden. Er muss Ausdruck einer bereits etablierten Entscheidungsarchitektur sein. Der Plan ersetzt keine Governance – er setzt sie voraus.

Im Kern besteht der Executive Incident Plan aus sechs aufeinander aufbauenden Phasen. Diese Phasen sind keine technischen Schritte, sondern Verdichtungen von Führungsentscheidungen. Sie markieren Übergänge im Verantwortungsraum. Bevor wir sie im Detail durchgehen, ist eine zentrale Klarstellung notwendig: Der Plan dient nicht der Perfektion. Er dient der Orientierung. Er schafft Klarheit darüber, was wann geschieht – nicht, weil jede Situation identisch wäre, sondern weil jede Situation strukturelle Ähnlichkeiten aufweist. Ein Vorfall verläuft selten linear. Informationen verändern sich, Einschätzungen werden korrigiert, Prioritäten verschieben sich. Der Executive Incident Plan ist daher kein starres Schema, sondern eine Führungsschablone. Er verhindert nicht Unsicherheit, aber er verhindert Orientierungslosigkeit.

Die sechs Phasen lauten:

- Ereignisqualifikation
- Stabilisierung
- Entscheidungsraum
- Meldearchitektur
- Kommunikationssteuerung
- Nachbearbeitung

Jede Phase stellt eine Führungsfrage in den Mittelpunkt. Diese Fragen sind nicht technisch, sondern unternehmerisch. Sie bestimmen, wann operative Maßnahmen in strategische Verantwortung übergehen. Wir beginnen mit der ersten und häufig unterschätzten Phase: der Ereignisqualifikation.

Ereignisqualifikation – Wann wird es Chefsache?
Nicht jeder IT-Zwischenfall ist ein Führungsereignis. Systeme produzieren täglich Abweichungen, Störungen und Sicherheitswarnungen. Die meisten davon bleiben operativ beherrschbar. Würde jede technische Unregelmäßigkeit auf Leitungsebene eskaliert, entstünde Daueralarm – und damit strukturelle Ermüdung. Die erste Aufgabe des Executive Incident Plans besteht daher nicht im Handeln, sondern im Einordnen. Ereignisqualifikation bedeutet, bewusst zu entscheiden, wann ein Vorfall den operativen Raum verlässt und in den strategischen Verantwortungsbereich übergeht. Dieser Übergang ist selten eindeutig. Genau deshalb muss er vorab strukturiert sein.

Ein Ereignis wird zur Chefsache, sobald mindestens eine der folgenden Dimensionen berührt wird: die Aufrechterhaltung kritischer Dienste, die Integrität sensibler Daten, die externe Wirkung auf Kunden oder Partner oder die regulatorische Meldepflicht. Entscheidend ist dabei nicht die technische Ursache, sondern die potenzielle Tragweite. Viele Organisationen begehen an dieser Stelle einen systematischen Fehler. Sie eskalieren zu spät. Die IT versucht zunächst, die Situation vollständig zu analysieren und zu beheben, bevor sie die Führung informiert. Diese Zurückhaltung ist oft gut gemeint – sie soll unnötige Unruhe vermeiden. Doch sie birgt ein Risiko: Wenn der Vorfall sich ausweitet oder Meldefristen beginnen zu laufen, fehlt der Führung wertvolle Vorbereitungszeit. Ereignisqualifikation bedeutet daher nicht Alarmismus, sondern Frühbewusstsein. Die Frage lautet nicht: „Ist das Problem bereits existenzbedrohend?" Sondern: „Hat dieses Ereignis das Potenzial, unternehmerische Prioritäten zu berühren?"

Der Unterschied ist entscheidend. Eine reife Organisation definiert Eskalationsschwellen nicht ausschließlich technisch, sondern wirkungsbezogen. Sie fragt: Könnte dieser Vorfall unsere Lieferfähigkeit beeinträchtigen? Könnte er personenbezogene Daten betreffen? Könnte er systemische Auswirkungen auf Partner oder kritische Infrastrukturen haben? Könnte er meldepflichtig werden? Sobald eine dieser Fragen ernsthaft bejaht wird, beginnt die Führungsphase – selbst wenn die technische Analyse noch läuft. Ereignisqualifikation ist kein einmaliger Akt. Sie ist ein dynamischer Prozess. Ein zunächst begrenzter Zwischenfall kann sich innerhalb von Stunden zu einem strategischen Risiko entwickeln. Deshalb muss die Qualifikation regelmäßig überprüft werden. Der Übergang von operativer Behandlung zu strategischer Steuerung darf nicht zufällig erfolgen.

Hier zeigt sich die Bedeutung klarer Eskalationslogik. Wenn nicht definiert ist, wer die Schwelle zur Chefsache feststellt, entsteht Unsicherheit. Wird die Entscheidung der IT überlassen, besteht die Gefahr einer technischen Verengung. Wird sie zu früh auf Vorstandsebene gezogen, entsteht unnötige Alarmierung. Beides kann destabilisieren. Deshalb sollte die Qualifikation in einer klar definierten Schnittstelle erfolgen: operativ vorbereitet, strategisch bestätigt. Die IT bewertet die technische Dimension, die Führung bewertet die unternehmerische Tragweite. Erst in dieser Kombination entsteht eine belastbare Einschätzung.

NIS-2 verschärft die Relevanz dieser Phase. Meldefristen beginnen mit Kenntnisnahme. Kenntnisnahme ist jedoch kein rein technischer Zeitpunkt, sondern ein organisatorischer. Wer zu spät qualifiziert, riskiert regulatorische Versäumnisse. Wer zu früh panisch reagiert, schwächt die eigene Glaubwürdigkeit. Ereignisqualifikation ist daher der erste Moment bewusster Führung im Ernstfall. Sie markiert den Übergang von Reparatur zu Verantwortung.

Ist dieser Übergang vollzogen, folgt die zweite Phase: Stabilisierung. Nicht nur der Systeme – sondern der Entscheidungsstruktur.

Stabilisierung – Die ersten 60 min
Nachdem ein Ereignis als potenzielles Führungsereignis qualifiziert wurde, beginnt eine Phase, die häufig unterschätzt wird: die strukturelle Stabilisierung. In den ersten Minuten entscheidet sich nicht, ob der Vorfall technisch vollständig behoben werden kann. Es entscheidet sich, ob die Organisation geordnet reagiert. Stabilisierung bedeutet in dieser Phase nicht Problemlösung, sondern Rahmensetzung.

Der größte Fehler in den ersten 60 min ist operative Überhitzung. Informationen fließen ungefiltert, mehrere Führungsebenen greifen gleichzeitig ein, Kommunikationskanäle überschneiden sich. Jeder will beitragen, niemand will Zeit verlieren. Genau diese Dynamik kann jedoch die Entscheidungsfähigkeit untergraben. Stabilisierung beginnt mit einer bewussten Bündelung. Wer ist Teil des Kernkreises? Wer liefert Informationen? Wer protokolliert? Wer kommuniziert nach innen und nach außen? Diese Fragen müssen sofort geklärt werden – nicht ausführlich diskutiert, sondern entschieden.

In dieser Phase ist Zurückhaltung eine Führungsleistung. Nicht jede Führungskraft muss sofort involviert sein. Nicht jede Information muss parallel an alle verteilt werden. Die Kunst besteht darin, einen klar abgegrenzten Entscheidungsraum zu schaffen, der handlungsfähig bleibt.

Parallel dazu muss der operative Incident-Response-Prozess geschützt werden. Technik braucht Raum zur Analyse. Wenn Führung zu früh technische Detaildiskussionen an sich zieht, entsteht Doppelarbeit. Stabilisierung heißt daher auch, die Ebenen bewusst getrennt zu halten: Die operative Seite arbeitet an Ursachen und Eindämmung, die Führung ordnet Wirkung und Priorität.

Ein weiterer zentraler Punkt der Stabilisierung ist die Dokumentation. Bereits in den ersten Minuten sollte klar sein, wer die Entscheidungsabfolge festhält. Nicht, um spätere Rechtfertigung zu ermöglichen, sondern um Gedächtnisverlust zu vermeiden. Unter Druck werden Annahmen schnell zu Gewissheiten erklärt. Ohne Protokollierung verschwimmt der Entscheidungszeitpunkt. Die ersten 60 min sind daher weniger von inhaltlicher Tiefe geprägt als von struktureller Klarheit. Wer spricht? Wer entscheidet? Wer informiert wen? Welche Kommunikationskanäle sind autorisiert? Ist die externe Kommunikation vorläufig zurückgestellt, bis eine abgestimmte Linie existiert?

Stabilisierung bedeutet auch, die emotionale Dynamik zu berücksichtigen. Ein Vorfall erzeugt Stress – nicht nur technisch, sondern psychologisch. Führung wirkt hier als Ordnungsfaktor. Eine ruhige, klare Ansprache im Kernteam reduziert Unsicherheit. Hektik hingegen überträgt sich unmittelbar auf die Organisation. NIS-2 verstärkt die Relevanz dieser Phase indirekt. Meldefristen laufen, Informationspflichten können entstehen, regulatorische Konsequenzen sind möglich. Wer in den ersten Minuten strukturell unsauber agiert, muss später mit erhöhter Komplexität rechnen. Frühzeitige Ordnung reduziert spätere Eskalation.

Stabilisierung endet nicht mit der technischen Eindämmung des Vorfalls. Sie endet mit der Klarheit, dass Entscheidungswege funktionieren, Rollen akzeptiert sind und die Organisation nicht in parallelen Strukturen agiert. Erst wenn dieser Rahmen steht, beginnt die eigentliche Führungsaufgabe: die bewusste Abwägung im Entscheidungsraum.

Damit kommen wir zur dritten Phase.

Entscheidungsraum – Abwägung unter Unsicherheit

Sobald die Organisation strukturell stabilisiert ist, beginnt die Phase, in der Führung sichtbar wird. Die technische Analyse läuft weiter, doch parallel dazu entsteht ein Raum, in dem unternehmerische Entscheidungen getroffen werden müssen. Dieser Raum ist selten komfortabel. Er ist geprägt von Unvollständigkeit, widersprüchlichen Einschätzungen und zeitlichem Druck. Der Entscheidungsraum unterscheidet sich fundamental vom operativen Problemlösungsraum. Hier geht es nicht mehr primär darum, was technisch möglich ist, sondern darum, welche Konsequenzen getragen werden können. Typischerweise stehen in dieser Phase mehrere Optionen nebeneinander, die jeweils Risiken enthalten. Eine Abschaltung kann Sicherheit erhöhen, aber wirtschaftliche Schäden verursachen. Ein Weiterbetrieb kann Kundenbeziehungen stabilisieren, aber regulatorische Risiken verschärfen. Eine frühe externe Kommunikation kann Vertrauen stärken, aber juristische Angriffsflächen eröffnen.

Führung im Entscheidungsraum bedeutet, diese Zielkonflikte nicht zu delegieren. Sie bedeutet auch, nicht auf eine technisch „richtige" Antwort zu warten, die es in dieser Form häufig nicht gibt. Technik liefert Wahrscheinlichkeiten und Szenarien. Führung bewertet Tragweite und Priorität. Unter Unsicherheit zu entscheiden heißt, Verantwortung für eine

Auswahl zu übernehmen, obwohl nicht alle Variablen kontrollierbar sind. Diese Verantwortung ist kein Zeichen von Risikoaffinität, sondern von Struktur. Wer Entscheidungen bewusst trifft und dokumentiert, reduziert spätere Interpretationsspielräume.

Ein häufiger Fehler in dieser Phase ist die Verlagerung der Entscheidung in größere Runden. Je größer die Unsicherheit, desto größer die Versuchung, mehr Stimmen einzubeziehen. Doch kollektive Diskussion ersetzt nicht kollektive Verantwortung. Wenn niemand klar benannt ist, der die Letztentscheidung trifft, entsteht faktische Führungslosigkeit. Der Entscheidungsraum verlangt daher Klarheit über Kompetenzgrenzen. Welche Fragen bleiben operativ? Welche sind unternehmerisch? Wann muss das Leitungsorgan formell entscheiden? Und welche Entscheidungen dürfen innerhalb definierter Leitplanken delegiert werden?

NIS-2 verstärkt die Notwendigkeit dieser Klarheit. Die Pflicht zur Beaufsichtigung und zur Sicherstellung angemessener Maßnahmen bedeutet, dass das Leitungsorgan nicht nur informiert, sondern entscheidend involviert sein muss. Wer diese Rolle unklar lässt, riskiert nicht nur operative Instabilität, sondern auch regulatorische Angreifbarkeit. Entscheidungen unter Unsicherheit sind selten endgültig. Deshalb muss Revidierbarkeit Teil der Struktur sein. Eine Entscheidung kann angepasst werden, wenn neue Informationen vorliegen. Entscheidend ist, dass sie auf Basis der damaligen Lage verantwortbar war und nachvollziehbar festgehalten wurde.

Der Entscheidungsraum ist damit der Kern der Leadership Response. Hier zeigt sich, ob die zuvor entwickelten Prinzipien – Klarheit, Zuständigkeit, Struktur – tatsächlich tragen. Hier entscheidet sich, ob Führung orientiert oder lediglich moderiert. Ist eine tragfähige Priorisierung erfolgt, verschiebt sich der Fokus auf eine formalisierte Dimension: die Meldearchitektur.

Meldearchitektur – 24 h/72 h strukturiert handeln

Spätestens in dieser Phase wird aus interner Steuerung eine externe Verpflichtung. NIS-2 verankert klare Meldefristen. Diese Fristen sind kein technisches Detail, sondern eine strukturelle Zäsur: Der Vorfall verlässt den ausschließlich internen Raum. Die Meldearchitektur ist daher kein administrativer Akt, sondern Teil der Führungsreaktion. Eine häufige

Fehlannahme besteht darin, die Meldung als formales Anhängsel der technischen Analyse zu verstehen. Erst wenn alles geklärt ist, so die implizite Logik, kann eine saubere Meldung erfolgen. Doch genau das widerspricht dem System der Frühwarnmeldung. Die erste Mitteilung verlangt keine vollständige Ursachenanalyse, sondern eine strukturierte Einordnung.

Die Herausforderung liegt in der Balance. Zu frühe, unpräzise Meldungen können Unsicherheit erzeugen. Zu späte Meldungen bergen regulatorisches Risiko. Führung besteht hier nicht darin, jede Unsicherheit aufzulösen, sondern den richtigen Zeitpunkt strukturiert zu bestimmen. Meldearchitektur bedeutet, intern klar zu definieren, wer für die Auslösung der Meldung verantwortlich ist, wer die Inhalte freigibt und wie die Konsistenz zwischen interner Dokumentation und externer Kommunikation gewährleistet wird. Diese Rollen dürfen im Ernstfall nicht improvisiert werden.

Die 24-Stunden-Frist für die Frühwarnmeldung markiert organisatorisch einen klaren Fixpunkt. Sie zwingt die Organisation dazu, innerhalb kurzer Zeit eine qualifizierte Lageeinschätzung vorzunehmen. Diese Einschätzung ist kein abschließendes Urteil, sondern eine strukturierte Momentaufnahme. Genau hier zeigt sich Entscheidungsreife. Die 72-Stunden-Meldung vertieft diese Struktur. Sie verlangt eine weitergehende Einordnung, erste Bewertung der Auswirkungen und gegebenenfalls Angaben zu Gegenmaßnahmen. Wer in den ersten Phasen sauber dokumentiert hat, kann diese Informationen konsistent liefern. Wer dies versäumt hat, gerät unter zusätzlichen Druck.

Wichtig ist dabei die innere Logik: Die Meldepflicht ist kein Misstrauensinstrument, sondern Ausdruck regulatorischer Transparenz. Sie zwingt zur Strukturierung und verhindert, dass Vorfälle intern relativiert oder verzögert behandelt werden. Für das Leitungsorgan bedeutet dies, dass die Meldearchitektur Teil der Governance ist – nicht nur Aufgabe der Compliance- oder Rechtsabteilung. Besonders sensibel wird es, wenn externe Kommunikation und behördliche Meldung zeitlich zusammenfallen. Inkonsistenzen zwischen internen Aussagen, Kundeninformation und Behördenmeldung können Vertrauen beschädigen. Deshalb muss die Meldearchitektur eng mit der Kommunikationssteuerung verzahnt sein.

Ein weiterer Aspekt betrifft die Kenntnisnahme. Der Beginn der Frist ist kein rein technischer Zeitpunkt. Er ist organisatorisch definiert. Wann hatte das Unternehmen hinreichende Anhaltspunkte für einen erheblichen Vorfall? Diese Frage kann im Nachhinein entscheidend werden. Eine klare interne Definition reduziert Interpretationsspielräume. Die Meldearchitektur ist damit ein Prüfstein für strukturierte Führung. Sie verlangt Tempo, aber kein Aktionismus. Sie verlangt Transparenz, aber keine Überdramatisierung. Sie verlangt Klarheit, aber keine Vollständigkeit. Ist die Meldepflicht erfüllt oder strukturiert angestoßen, verschiebt sich der Schwerpunkt auf eine breitere Ebene: die gezielte Steuerung der Kommunikation gegenüber allen relevanten Anspruchsgruppen.

Kommunikationssteuerung – Intern und extern
Sobald ein Vorfall die operative Ebene verlassen hat und regulatorische Schritte eingeleitet sind, weitet sich der Kreis der Betroffenen. Kommunikation wird nun zum zentralen Stabilitätsfaktor. Sie ist nicht bloß Begleiterscheinung des Ereignisses, sondern Teil seiner Steuerung. Interne und externe Kommunikation folgen dabei unterschiedlichen Logiken, müssen jedoch konsistent sein. Intern geht es zunächst um Orientierung. Mitarbeitende müssen wissen, dass die Situation erkannt wurde, dass strukturiert gehandelt wird und welche Handlungsanweisungen gelten. Unsicherheit entsteht weniger durch das Ereignis selbst als durch widersprüchliche oder ausbleibende Informationen. Wenn Gerüchte schneller zirkulieren als offizielle Aussagen, verliert Führung an Glaubwürdigkeit.

Kommunikationssteuerung beginnt daher mit Klarheit über Zuständigkeiten. Wer spricht für das Unternehmen? Wer gibt Inhalte frei? Welche Botschaft gilt als verbindlich? Diese Fragen sind nicht kommunikativ, sondern strukturell. Sie verhindern, dass sich unterschiedliche Narrative entwickeln. Extern verschärft sich die Dynamik. Kunden erwarten Verlässlichkeit, Partner Planungssicherheit, Behörden Konsistenz. Medien suchen Einordnung. Jede Zielgruppe bewertet nicht nur den Vorfall, sondern auch den Umgang damit. Die Versuchung, beruhigende Absolutheit zu signalisieren, ist groß. Aussagen wie „alles unter Kontrolle" wirken kurzfristig stabilisierend. Doch sie können sich als riskant erweisen, wenn sich die Lage verändert. Souveräne Kommunikation unterscheidet zwischen gesicherten Erkenntnissen und vorläufigen Bewertungen. Sie signalisiert Handlungsfähigkeit, ohne Unfehlbarkeit zu behaupten.

Ein weiterer zentraler Punkt ist die Synchronisierung mit der Meldearchitektur. Externe Aussagen dürfen nicht im Widerspruch zu behördlichen Meldungen stehen. Inkonsistenzen werden nicht als Missverständnis wahrgenommen, sondern als strukturelles Defizit. Deshalb ist enge Abstimmung zwischen Führung, Rechtsfunktion und Kommunikation unerlässlich. Kommunikationssteuerung bedeutet auch, zeitliche Taktung bewusst zu gestalten. Nicht jede Information muss sofort veröffentlicht werden. Aber jede relevante Information benötigt einen definierten Kommunikationszeitpunkt. Führung darf sich nicht treiben lassen, sondern muss das Timing aktiv setzen.

Im Kontext von NIS-2 ist Kommunikation mehr als Reputation. Sie ist Ausdruck regulatorischer Ernsthaftigkeit. Wer transparent und strukturiert informiert, signalisiert, dass Risiken nicht verdrängt, sondern beherrscht werden. Diese Haltung wirkt langfristig vertrauensbildend – auch dann, wenn der Vorfall selbst unangenehm ist. Intern wie extern gilt: Konsistenz ist wichtiger als Detailtiefe. Wiedererkennbare Kernbotschaften schaffen Stabilität. Widersprüchliche Einzelaussagen erzeugen Misstrauen. Kommunikation schließt den unmittelbaren Krisenzyklus jedoch nicht ab. Sobald operative Stabilität erreicht ist und externe Verpflichtungen erfüllt wurden, beginnt eine Phase, die häufig vernachlässigt wird – obwohl sie langfristig entscheidend ist.

Damit kommen wir zur letzten Phase des Executive Incident Plans: der Nachbearbeitung.

Nachbearbeitung – Governance anpassen und Verantwortung sichern
Mit der technischen Stabilisierung und der erfüllten Meldepflicht endet der akute Druck. Systeme laufen wieder, Kommunikationslinien beruhigen sich, externe Aufmerksamkeit nimmt ab. Gerade in diesem Moment entsteht jedoch ein neues Risiko: der vorschnelle Übergang zur Tagesordnung. Ein Vorfall ist nicht abgeschlossen, wenn er operativ gelöst ist. Er ist abgeschlossen, wenn seine strukturellen Implikationen verstanden wurden. Die Nachbearbeitung ist daher keine retrospektive Fehlersuche,

sondern eine Governance-Analyse. Sie fragt nicht nur, was passiert ist, sondern warum bestimmte Entscheidungen so getroffen wurden und welche Annahmen ihnen zugrunde lagen. Sie untersucht nicht primär die technische Ursache, sondern die Entscheidungsarchitektur.

Eine reife Organisation nutzt diese Phase, um den eigenen Führungsrahmen zu prüfen. Haben Eskalationsschwellen funktioniert? War klar, wer entscheidet? Waren Dokumentation und Kommunikationslinien konsistent? Wurden Risiken bewusst akzeptiert oder implizit hingenommen? Diese Fragen sind sensibel. Sie berühren Verantwortlichkeiten. Doch genau deshalb sind sie notwendig. Wer Nachbearbeitung als persönliche Kritik versteht, wird sie oberflächlich halten. Wer sie als strukturelle Lernphase begreift, stärkt Resilienz. Unter NIS-2 erhält diese Phase zusätzliches Gewicht. Behörden können Nachfragen stellen, Berichte anfordern oder Maßnahmen überprüfen. Eine saubere interne Aufarbeitung schafft hier Sicherheit. Sie zeigt, dass das Unternehmen nicht nur reagiert, sondern reflektiert.

Ein zentrales Element der Nachbearbeitung ist die dokumentierte Risikoakzeptanz. Wenn im Entscheidungsraum bestimmte Risiken bewusst getragen wurden, muss dies nachvollziehbar festgehalten werden. Nicht um Fehler zu legitimieren, sondern um die Rationalität der Abwägung sichtbar zu machen. Ebenso wichtig ist die Anpassung bestehender Strukturen. Ein Vorfall kann Schwachstellen offenlegen – in Prozessen, in Zuständigkeiten oder in Kommunikationswegen. Governance bedeutet, diese Erkenntnisse systematisch einzuarbeiten. Resilienz entsteht nicht aus dem Ereignis selbst, sondern aus der strukturellen Reaktion darauf. Viele Organisationen versäumen diesen Schritt, weil Erleichterung überwiegt. Die Krise ist vorbei, operative Aufgaben drängen, Ressourcen sind gebunden. Doch gerade diese Phase entscheidet darüber, ob ein Vorfall isoliertes Ereignis bleibt oder zum Auslöser nachhaltiger Verbesserung wird.

Nachbearbeitung schließt den Kreis der Leadership Response. Sie verbindet das akute Ereignis mit langfristiger Steuerbarkeit. Sie macht aus einem Risiko eine Lernbewegung. Damit ist der Executive Incident Plan vollständig beschrieben – nicht als starres Schema, sondern als Führungsarchitektur in sechs Phasen.

6.4 Entscheidungsszenarien für Geschäftsführung und Vorstand

Ransomware im operativen Kernbetrieb

Es ist Montagmorgen. Die Produktionssysteme sind nicht erreichbar. Erste Hinweise deuten auf eine Verschlüsselung zentraler Server hin. Die IT bestätigt binnen kurzer Zeit: Es handelt sich sehr wahrscheinlich um einen Ransomware-Angriff. Teile der Infrastruktur sind isoliert worden. Backups sind vorhanden, ihre Integrität wird geprüft. Operativ beginnt sofort die Incident Response. Technische Teams analysieren, trennen Netze, sichern Logs.

Für die Geschäftsführung stellt sich jedoch binnen Minuten eine andere Frage: Ist das ein technischer Zwischenfall – oder ein strategischer Einschnitt? Die Ereignisqualifikation ist rasch eindeutig. Der operative Kernbetrieb ist betroffen. Lieferverpflichtungen stehen im Raum. Vertragsstrafen sind möglich. Kunden könnten unmittelbar informiert werden müssen. Das Ereignis ist Chefsache.

Phase I: Ereignisqualifikation Noch bevor technische Gegenmaßnahmen greifen, stellt sich die zentrale Führungsfrage: Handelt es sich um einen operativ begrenzten Vorfall oder um ein Ereignis mit unternehmerischer Tragweite? Die Beeinträchtigung des Kernbetriebs, mögliche Lieferausfälle und potenzielle regulatorische Relevanz machen deutlich: Der Vorfall überschreitet die operative Ebene. Die Eskalationsschwelle ist erreicht. Das Ereignis ist Chefsache.

Phase II: Stabilisierung Die erste Führungsentscheidung betrifft die Struktur. Wer bildet den Kernkreis? Welche Informationen sind gesichert, welche Spekulation? Wer dokumentiert? Wer spricht nach außen – und wer nicht? In dieser Phase ist Zurückhaltung entscheidend. Die IT muss arbeiten können. Gleichzeitig muss klar sein, dass wirtschaftliche und regulatorische Dimensionen frühzeitig berücksichtigt werden. Eine klare, ruhige Ansprache an das Kernteam verhindert operative Überhitzung.

Phase III: Entscheidungsraum Binnen weniger Stunden verdichten sich die Zielkonflikte. Soll der Betrieb vollständig gestoppt werden, um weitere Ausbreitung auszuschließen?

- Oder wird mit isolierten Teilbereichen weiterproduziert, um Lieferketten aufrechtzuerhalten?
- Ist eine Zahlung eines möglichen Lösegelds grundsätzlich ausgeschlossen?
- Oder wird sie als ultima ratio zumindest rechtlich und strategisch geprüft?
- Welche Priorität hat die Wiederherstellung – Geschwindigkeit oder vollständige forensische Sicherung?

Hier zeigt sich Entscheidungsreife. Keine Option ist risikofrei. Eine Abschaltung reduziert potenziell weitere Schäden, erhöht aber wirtschaftliche Verluste. Eine Fortführung unter Risiko kann später als fahrlässig interpretiert werden. Eine Zahlung kann kurzfristig helfen, langfristig jedoch reputative und rechtliche Folgen haben.

Führung besteht nicht darin, die technisch beste Lösung zu wählen. Sie besteht darin, eine unternehmerisch vertretbare Abwägung zu treffen und diese klar zu dokumentieren.

Phase IV: Meldearchitektur Parallel dazu stellt sich die regulatorische Frage. Ist der Vorfall erheblich im Sinne der NIS-2-Vorgaben? Liegt eine Beeinträchtigung wesentlicher Dienste vor? Sind Daten betroffen? Die 24-Stunden-Frist für eine Frühwarnmeldung läuft nicht erst, wenn jedes Detail geklärt ist. Entscheidend ist die Kenntnisnahme eines potenziell erheblichen Vorfalls. Hier muss die Geschäftsführung sicherstellen, dass keine operative Zurückhaltung die regulatorische Frist gefährdet. Die Meldung selbst ist kein Schuldeingeständnis. Sie ist Ausdruck strukturierter Steuerung.

Phase V: Kommunikationssteuerung Noch bevor Kunden offiziell informiert werden, kursieren Gerüchte. Mitarbeitende posten in sozialen Netzwerken. Geschäftspartner stellen Anfragen. Die Geschäftsführung steht vor einer strategischen Kommunikationsentscheidung: proaktive Transparenz oder zurückhaltende Informationspolitik? Zu frühe Detailoffenlegung kann Unsicherheit verstärken. Zu spätes Kommunizieren kann Vertrauen zerstören. Die richtige Linie liegt nicht in maximaler Offenheit, sondern in konsistenter Orientierung. Das Unternehmen muss zeigen, dass es handlungsfähig ist ohne vorschnelle Gewissheiten zu behaupten.

Phase VI: Nachbearbeitung Wochen später ist der Betrieb stabilisiert. Systeme sind wiederhergestellt, externe Kommunikation beruhigt. Jetzt beginnt die eigentliche Governance-Frage. War die Eskalation rechtzeitig?

- War die Dokumentation ausreichend?
- Wurden Risiken bewusst akzeptiert oder implizit toleriert?
- Hätte eine frühere Segmentierung der Infrastruktur das Ausmaß reduziert?

Diese Fragen sind nicht defensiv zu beantworten, sondern strukturell. Ziel ist nicht Schuldzuweisung, sondern Verbesserung der Entscheidungsarchitektur.

Ausfall eines kritischen Cloud-Dienstleisters

Es ist kein Angriff auf das eigene Unternehmen. Keine Verschlüsselung, keine interne Kompromittierung. Stattdessen fällt ein zentraler Cloud-Dienstleister aus. Systeme sind nicht erreichbar. Anwendungen stehen still. Kundenschnittstellen funktionieren nur eingeschränkt oder gar nicht. Die erste Reaktion ist häufig defensiv: „Das Problem liegt nicht bei uns." Genau hier beginnt der Führungsfehler. Aus Sicht der Kunden und der Regulatorik ist es unerheblich, ob der Vorfall intern oder extern verursacht wurde. Entscheidend ist, ob der eigene Dienst beeinträchtigt ist. Abhängigkeit entbindet nicht von Verantwortung.

Phase I: Ereignisqualifikation Die technische Ursache liegt außerhalb der Organisation. Die unternehmerische Wirkung jedoch nicht. Wenn kritische Dienste nicht erbracht werden können, entsteht ein Führungsereignis. Die zentrale Frage lautet nicht: „Wer ist schuld?" Sondern: „Wie stabil ist unsere Leistungsfähigkeit in dieser Abhängigkeit?" Gerade bei Cloud-Strukturen ist die Illusion verbreitet, dass externe Professionalität eigene Verantwortung reduziert. Tatsächlich verlagert sie sie nur. Wer kritische Funktionen auslagert, muss deren Ausfall strukturell antizipieren.

Phase II: Stabilisierung Die operative Ebene steht in engem Austausch mit dem Dienstleister. Statusupdates sind fragmentarisch. Zeitprognosen ändern sich. Für die Geschäftsführung besteht die Stabilisierung darin, einen klaren internen Lageüberblick zu schaffen. Welche Geschäftsprozesse sind konkret betroffen? Welche Alternativen existieren? Gibt es manuelle Übergangslösungen? Wie lange können kritische Funktionen ohne nachhaltigen Schaden ausfallen? In dieser Phase ist es essenziell, die Kommunikation mit dem Dienstleister nicht mit eigener Entscheidungsfähigkeit zu verwechseln. Externe Informationen sind Grundlage – aber keine Ersatzentscheidung.

Phase III: Entscheidungsraum Die Zielkonflikte sind subtiler als beim Ransomware-Angriff, aber nicht weniger relevant. Wird der Ausfall transparent kommuniziert – auch wenn er extern verursacht wurde?

- Werden vertragliche Ansprüche sofort geprüft oder zunächst zurückgestellt?
- Wird auf Redundanz umgestellt, obwohl dies Mehrkosten verursacht?
- Ab welchem Punkt wird die Abhängigkeit strategisch neu bewertet?

Hier zeigt sich erneut Entscheidungsreife. Die Führung muss zwischen kurzfristiger Schadensbegrenzung und langfristiger Lieferkettenstrategie unterscheiden. Ein Cloud-Ausfall ist nicht nur ein operatives Problem, sondern ein Hinweis auf strukturelle Konzentrationsrisiken.

Phase IV: Meldearchitektur Auch wenn der Angriff oder die Störung nicht im eigenen System stattfand, kann eine Meldepflicht entstehen – sofern die eigene Dienstleistung erheblich beeinträchtigt ist. Die zentrale Frage lautet daher: Ist die Beeinträchtigung wesentlich im Sinne der regulatorischen Anforderungen? Falls ja, beginnt die Meldefrist unabhängig davon, ob der Dienstleister bereits gemeldet hat. Hier zeigt sich ein häufiger Irrtum: Man verlässt sich auf die Meldung des externen Partners. Doch regulatorisch relevant ist die eigene Betroffenheit.

Phase V: Kommunikationssteuerung Kunden reagieren sensibel auf Abhängigkeiten. Ein Cloud-Ausfall kann Zweifel an der eigenen Resilienz erzeugen – selbst wenn technisch keine Kompromittierung vorliegt. Kommunikation muss hier zweierlei leisten: Transparenz über die aktuelle Situation und Souveränität in der eigenen Steuerungsfähigkeit. Es reicht nicht zu sagen, dass ein externer Anbieter betroffen ist. Entscheidend ist die Botschaft, wie das Unternehmen damit umgeht. Wer Verantwortung externalisiert, wirkt passiv. Wer Abhängigkeit anerkennt und strukturiert reagiert, wirkt führungsstark.

Phase VI: Nachbearbeitung Nach der Wiederherstellung der Dienste beginnt die strategische Analyse. War die Abhängigkeit bewusst akzeptiert?

- Gab es realistische Ausweichoptionen?
- Sind Vertrags- und Risikostrukturen angemessen gestaltet?
- Wurde die Lieferkette regelmäßig bewertet?

Ein Cloud-Ausfall ist selten nur ein isoliertes Ereignis. Er ist ein Stresstest für die eigene Resilienzstrategie.

Datenabfluss mit Reputations- und Medienrisiko
Ein interner Hinweis aus der IT deutet auf ungewöhnliche Datenbewegungen hin. Wenige Stunden später verdichtet sich der Verdacht: Es könnten personenbezogene Kundendaten abgeflossen sein. Noch ist das Ausmaß unklar. Parallel gehen erste Medienanfragen ein. Ein externer Sicherheitsexperte hat offenbar Hinweise veröffentlicht. Die technische Analyse läuft. Doch für die Geschäftsführung stellt sich sofort eine andere Frage: Handelt es sich um einen sicherheitsrelevanten Zwischenfall – oder um eine strategische Vertrauenskrise?

Phase I: Ereignisqualifikation Nicht jeder Datenzugriff ist ein Datenabfluss. Nicht jede Unregelmäßigkeit ist meldepflichtig. Doch sobald die ernsthafte Möglichkeit besteht, dass personenbezogene oder sensible Daten kompromittiert wurden, überschreitet das Ereignis die operative

Ebene. Hier liegt die entscheidende Schwelle: Es genügt nicht abzuwarten, bis absolute Gewissheit besteht. Die potenzielle Tragweite – regulatorisch wie reputativ – reicht aus, um die Eskalation auf Leitungsebene zu rechtfertigen. Die Geschäftsführung muss daher frühzeitig eingebunden sein, auch wenn die technische Beweislage noch unvollständig ist. Der Vorfall ist Chefsache.

Phase II: Stabilisierung In den ersten Stunden geht es nicht nur um forensische Sicherung, sondern um strukturelle Ordnung. Wer koordiniert die Analyse? Wer hält den Kontakt zur Datenschutzfunktion? Wer bündelt Informationen für das Leitungsorgan? Gleichzeitig müssen Kommunikationskanäle kontrolliert werden. Medienanfragen dürfen nicht isoliert beantwortet werden. Interne Unsicherheit darf sich nicht unkoordiniert verbreiten. Stabilisierung bedeutet hier insbesondere, emotionale Dynamik zu reduzieren. Datenabfluss berührt Vertrauen. Führung muss Ruhe ausstrahlen, ohne die Lage zu relativieren.

Phase III: Entscheidungsraum Der Zielkonflikt ist deutlich: Transparenz stärkt Glaubwürdigkeit, kann aber juristische Risiken erhöhen. Zurückhaltung reduziert unmittelbare Angriffsfläche, kann aber als Vertuschung interpretiert werden. Die Geschäftsführung steht vor mehreren Abwägungen:

- Wann wird extern kommuniziert?
- In welcher Form?
- Werden betroffene Kunden individuell informiert oder zunächst allgemein?
- Wird der Vorfall proaktiv veröffentlicht oder erst auf konkrete Anfrage bestätigt?

Parallel läuft die regulatorische Bewertung. Neben NIS-2 kann auch datenschutzrechtliche Meldepflicht bestehen. Fristen überschneiden sich. Inhaltliche Konsistenz ist zwingend. Hier zeigt sich Führungsreife besonders deutlich. Jede Entscheidung wirkt auf mehreren Ebenen gleichzeitig:

rechtlich, wirtschaftlich, reputativ. Entscheidung unter Unsicherheit bedeutet in diesem Szenario, eine Kommunikationslinie festzulegen, obwohl das vollständige Ausmaß noch nicht feststeht. Diese Linie muss tragfähig, dokumentiert und bei veränderter Lage anpassbar sein.

Phase IV: Meldearchitektur Sobald eine erhebliche Beeinträchtigung oder ein signifikanter Datenabfluss plausibel ist, beginnt die Fristenlogik. Die Kenntnisnahme ist hier besonders sensibel. Ab welchem Zeitpunkt hatte das Unternehmen hinreichende Anhaltspunkte? Die Frühwarnmeldung darf nicht durch interne Abstimmungsschleifen verzögert werden. Gleichzeitig muss sie konsistent mit datenschutzrechtlichen Meldungen sein. Unterschiedliche Narrative gegenüber verschiedenen Behörden wären ein strukturelles Risiko. Die Meldearchitektur ist in diesem Szenario besonders komplex, weil mehrere regulatorische Regime parallel greifen können. Führung muss sicherstellen, dass diese Ebenen koordiniert sind.

Phase V: Kommunikationssteuerung Reputation ist in diesem Szenario zentral. Vertrauen entsteht nicht aus Fehlerfreiheit, sondern aus nachvollziehbarem Umgang mit Fehlern. Eine klare, konsistente Botschaft ist entscheidend: Was wissen wir? Was wissen wir noch nicht? Welche Maßnahmen wurden eingeleitet? Welche nächsten Schritte folgen? Übertriebene Beschwichtigung wirkt unglaubwürdig. Dramatisierung verstärkt Unsicherheit. Die Kunst liegt in nüchterner Transparenz. Intern ist es ebenso wichtig, Mitarbeitende einzubinden. Sie sind Multiplikatoren – bewusst oder unbewusst. Klare interne Kommunikation reduziert Gerüchte und verhindert widersprüchliche Aussagen.

Phase VI: Nachbearbeitung Nach der akuten Phase beginnt die strukturelle Analyse. War die Datenklassifikation ausreichend?

- Waren Zugriffsrechte angemessen gestaltet?
- War das Monitoring frühzeitig genug?
- Wurden Hinweise korrekt eskaliert?

Noch wichtiger ist die Führungsdimension:

- War die Kommunikationslinie konsistent?
- War die Dokumentation ausreichend?
- Wurden Zielkonflikte bewusst entschieden oder implizit hingenommen?

Ein Datenabfluss ist mehr als ein technischer Sicherheitsvorfall. Er ist ein Vertrauensereignis. Die nachhaltige Resilienz des Unternehmens hängt weniger von der technischen Wiederherstellung ab als von der Glaubwürdigkeit der Reaktion.

6.5 Board-Werkzeuge

Szenarien zeigen, wie Führung unter Druck funktioniert. Board-Werkzeuge sorgen dafür, dass diese Führung nicht vom Zufall abhängt. Werkzeuge sind dabei nicht allein Checklisten im engeren Sinn. Sie sind strukturierte Hilfsmittel zur Sicherung von Entscheidungsqualität. Sie übersetzen das zuvor entwickelte Führungsmodell in wiederkehrende Routinen. Gerade auf Ebene von Geschäftsführung und Vorstand entstehen Risiken weniger durch fehlendes Wissen als durch fehlende Systematik. Entscheidungen werden getroffen, aber nicht eingebettet. Risiken werden diskutiert, aber nicht priorisiert. Verantwortung wird getragen, aber nicht sichtbar gemacht. Board-Werkzeuge schließen diese Lücke. Sie schaffen Klarheit über Eskalationsschwellen, Nachvollziehbarkeit von Abwägungen, Struktur in wiederkehrenden Sitzungen und Konsistenz.

6.5.1 Eskalationsmatrix

Die Eskalationsmatrix beantwortet eine einzige Frage (siehe Abb. 6.1): Ist ein Cyber-Vorfall noch operatives Tagesgeschäft oder bereits eine Angelegenheit der Leitungsebene. Sie arbeitet mit zwei Achsen. Die senkrechte Achse beschreibt die Relevanz des Vorfalls – operativ, solange IT und Security den Fall technisch bewältigen können, strategisch, sobald Ge-

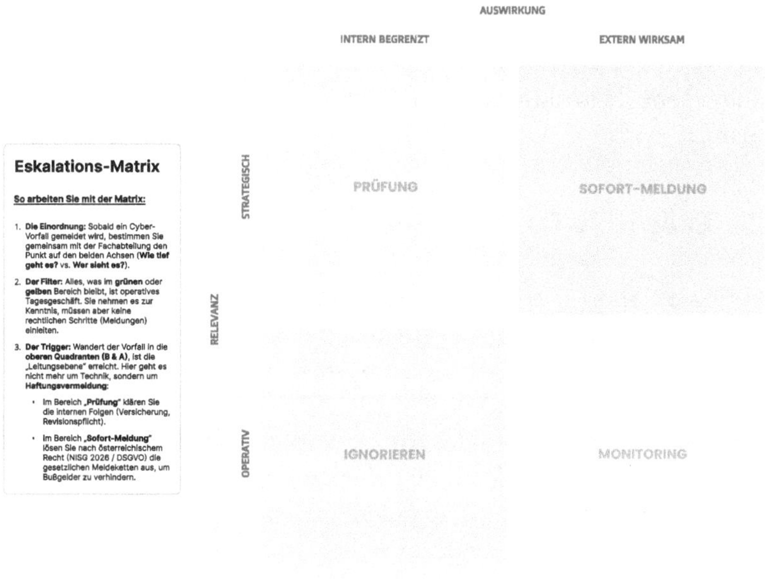

Abb. 6.1 Eskalationsmatrix. (Eigene Darstellung)

schäftsmodell, Kundenbeziehungen, Reputation oder regulatorische Pflichten berührt sind. Die waagrechte Achse beschreibt die Auswirkung – intern begrenzt, wenn der Vorfall innerhalb der eigenen Systeme bleibt, extern wirksam, wenn Kunden, Partner, Behörden oder Öffentlichkeit betroffen sind oder absehbar werden.

Aus der Kombination beider Achsen ergeben sich vier Felder mit jeweils klarer Handlungslogik. Wer im Feld „Ignorieren“ steht, nimmt zur Kenntnis, ohne zu eskalieren. Wer im Feld „Monitoring“ steht, beobachtet, ob der Vorfall die Außengrenze erreicht. Wer im Feld „Prüfung“ steht, klärt interne Folgen – Versicherung, Revisionspflichten, Haftung. Wer im Feld „Sofort-Meldung“ steht, löst die gesetzlichen Meldeketten nach § 34 NISG 2026 und, soweit einschlägig, nach DSGVO aus.

Die Einordnung erfolgt gemeinsam mit der Fachabteilung und wird von zwei Fragen geführt: Wie tief geht es, und wer sieht es. Alles, was im grünen oder gelben Bereich bleibt, ist operatives Tagesgeschäft. Wandert der Vorfall in die oberen Quadranten, übernimmt die Leitungsebene. Dort geht es nicht mehr um Technik, sondern um Haftungsvermeidung.

Die Matrix ersetzt keine operative Analyse. Sie sorgt dafür, dass die Leitungsebene dann aktiviert wird, wenn sie aktiviert werden muss – und nur dann.

6.5.2 Executive Decision Sheet

Das Decision Sheet (siehe Abb. 6.2) ist das Führungsinstrument für den Moment, in dem die Eskalationsmatrix die Leitungsebene aktiviert hat. Es strukturiert die Entscheidung, damit sie belastbar bleibt, wenn sie später geprüft wird – von Behörden, Versicherern oder Gerichten.

Es beginnt mit dem Lagebild. Art des Vorfalls, aktueller Status, betroffene Systeme und ausdrücklich: die offenen Unsicherheiten. Fakten werden von Annahmen getrennt, was nicht gesichert ist, wird nicht als Fakt behandelt. Erst wenn das Lagebild steht, folgt die Frage nach der Wirkung: sind kritische Dienste betroffen, besteht externe Wirkung, gibt es eine Reputationsdimension, ist regulatorische Relevanz gegeben. Dieser Schritt macht die Tragweite bewusst, bevor über Handlungen verhandelt wird.

Erst dann werden die Zielkonflikte benannt. Sicherheit gegen Betriebsfortführung, Transparenz gegen Rechtsrisiko, Geschwindigkeit gegen Vollständigkeit. Eine Entscheidung, die diese Konflikte nicht sichtbar macht, ist keine geprüfte Entscheidung. Auf dieser Grundlage werden mindestens zwei Optionen formuliert – Abschalten oder Weiterlaufen, Sofortkommunikation oder Abwarten, Melden oder Prüfen. Die scheinbar alternativlose Entscheidung ist meist keine.

Dem folgt der Kern aus Haftungssicht: die Risikoakzeptanz. Welche Risiken werden bewusst getragen, welche Annahmen liegen zugrunde, unter welchen Bedingungen wird revidiert. Den Abschluss bildet die Festlegung – Entscheidung, Verantwortlicher, Zeitpunkt, nächster Review-Zeitpunkt. Nach Beschluss wird nicht mehr diskutiert.

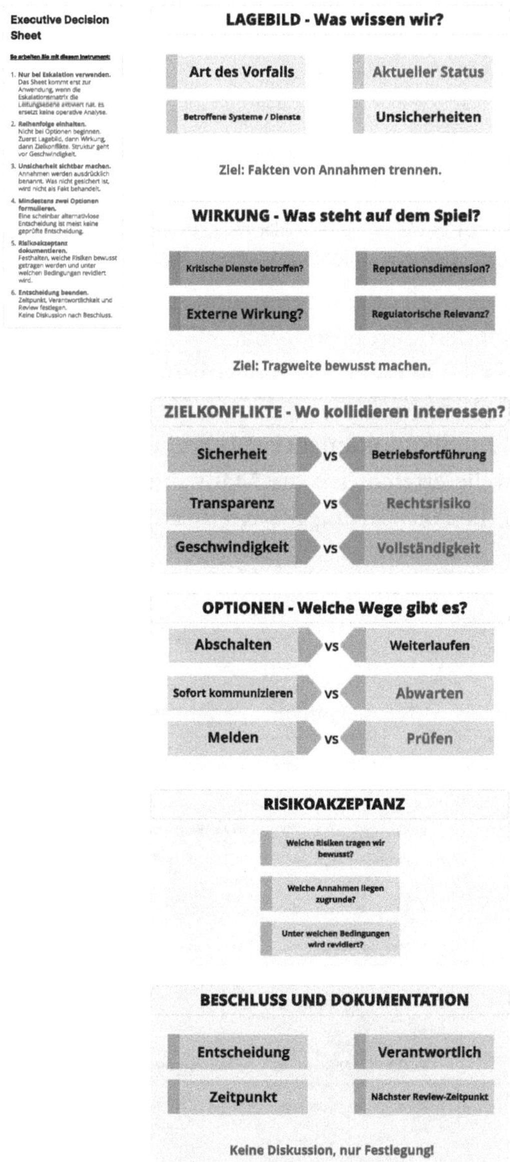

Abb. 6.2 Executive Decision Sheet. (Eigene Darstellung)

Die Reihenfolge ist zwingend. Wer mit Optionen beginnt, verhandelt ohne Grundlage. Wer Zielkonflikte überspringt, dokumentiert keine Abwägung, sondern eine Meinung.

6.5.3 Die 24 h/72 h-Zeitachse

Die Zeitachse (siehe Abb. 6.3) übersetzt die Meldefristen nach § 34 NISG 2026 in eine Führungslogik. Sie kommt zur Anwendung, sobald ein Vorfall als potenziell erheblich qualifiziert ist. Ihr Zweck ist nicht Beschleunigung, sondern Strukturierung.

Der Zeitpunkt T0 markiert die Kenntnisnahme durch die Leitung. Ab hier läuft die regulatorische Uhr. Dieser Zeitpunkt wird bewusst festgehalten, nicht zufällig dokumentiert. Die Führungsfrage lautet, ob die Eskalationsschwelle erreicht ist; die Maßnahmen sind die Qualifikation des Ereignisses, die Aktivierung des Kernteams und der Beginn der Dokumentation.

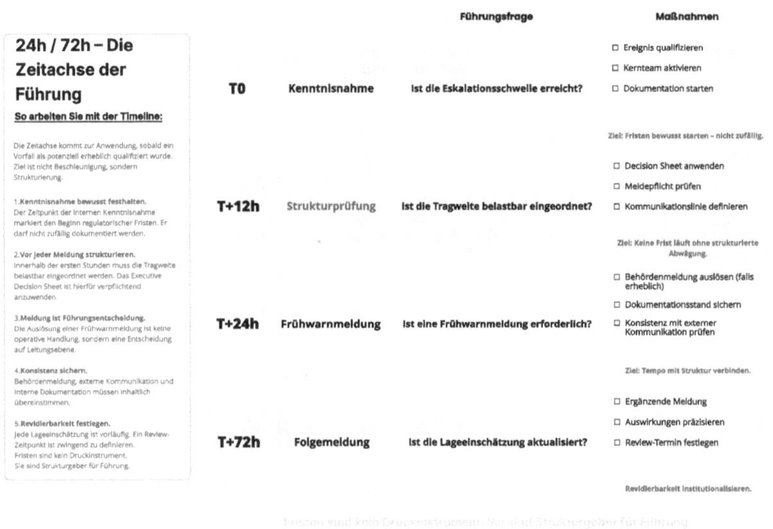

Abb. 6.3 24 h/72 h – Die Zeitachse der Führung. (Eigene Darstellung)

Zwölf Stunden später, bei T+12, steht die Strukturprüfung. Vor der ersten Meldung muss die Tragweite belastbar eingeordnet sein. Das Decision Sheet ist hier verbindlich anzuwenden, die Meldepflicht wird geprüft, die interne und externe Kommunikationslinie wird festgelegt. Keine Frist läuft ohne strukturierte Abwägung ab.

Bei T+24 steht die Frühwarnmeldung. Ihre Auslösung ist keine operative Handlung der IT, sondern eine Entscheidung auf Leitungsebene. Wer hier erst klären muss, wer entscheiden darf, hat den Kampf gegen die Zeit verloren. Behördenmeldung, externe Kommunikation und interne Dokumentation müssen inhaltlich übereinstimmen.

Bei T+72 folgt die Folgemeldung. Die Lageeinschätzung wird präzisiert, Auswirkungen werden konkretisiert, ein Review-Termin wird festgelegt. Jede Lageeinschätzung ist vorläufig, und die Revidierbarkeit wird institutionalisiert, nicht improvisiert.

Fristen sind kein Druckinstrument. Sie sind Strukturgeber für Führung.

6.5.4 Board-Routine

Die Board-Routine (siehe Abb. 6.4) institutionalisiert, was im Ernstfall verdichtet sichtbar wird. Sie ist keine Zusatzsitzung, sondern Bestandteil regulärer Leitungsarbeit. NIS-2 verlangt keine permanente Krisenhaltung, sondern regelmäßige Bewertung und dokumentierte Überwachung. Mindestens quartalsweise; bei erheblichen Vorfällen zusätzlich.

Die Routine folgt fünf Fragen, die zyklisch durchlaufen werden. Wo stehen wir aktuell – also: aktuelle Risikolage, kritische Abhängigkeiten, offene Risikoakzeptanzen. Was haben wir gelernt – letzte Incidents, Lessons Learned, Anpassungen in Prozessen. Wo sind wir strukturell verwundbar – Cloud-Abhängigkeiten, Lieferketten, Single Points of Failure. Sind wir entscheidungsfähig – eine kurze Szenario-Übung, die Anwendung der Eskalationsmatrix, ein Test des Decision Sheets. Welche Risiken tragen wir bewusst – Bestätigung bestehender Akzeptanzen, Anpassung bei geänderter Lage.

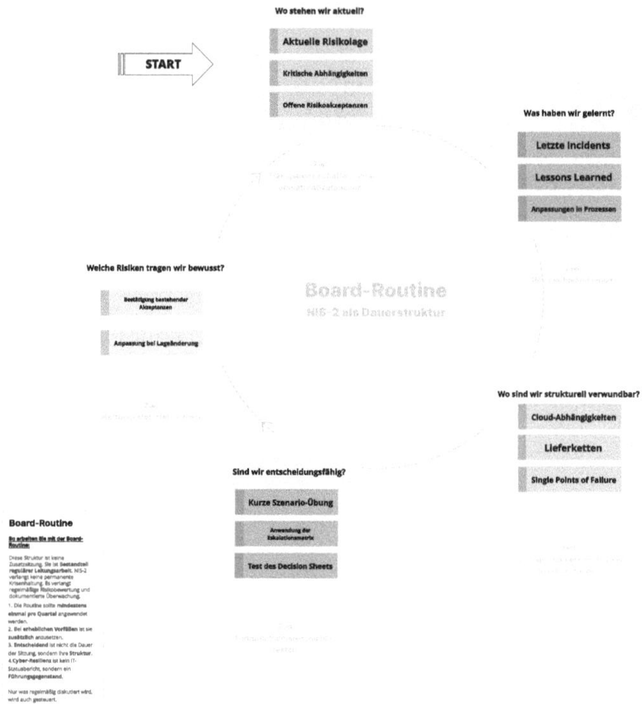

Abb. 6.4 Board-Routine. (Eigene Darstellung)

Jede Frage hat einen Zweck, nicht nur einen Inhalt. Die erste schafft Transparenz, ohne operativ abzutauchen. Die zweite lebt Revidierbarkeit. Die dritte macht strategische Verwundbarkeit sichtbar, bevor sie wirksam wird. Die vierte trainiert Führung, nicht IT. Die fünfte sichert Haftungsstabilität, weil bewusst getragene Risiken dokumentiert und aktuell bleiben.

Entscheidend ist nicht die Dauer der Sitzung, sondern ihre Struktur. Cyber-Resilienz ist kein IT-Statusbericht, sondern Führungsgegenstand; die Routine wird von der Geschäftsführung geführt, nicht vom

CISO. Jede Station erzeugt einen dokumentierten Stand, der die Überwachungspflicht nach § 31 NISG 2026 belegbar macht.

Nur was regelmäßig diskutiert wird, wird auch gesteuert.

Ihr Transfer in die Praxis

Nutzen Sie die Instrumente aktiv – oder haben Sie sie nur beschrieben?

Ist der Zeitpunkt der Kenntnisnahme bei Ihnen eindeutig definiert – oder wird er rekonstruiert, wenn die Behörde fragt?

Trifft die Leitung Entscheidungen nach strukturierter Abwägung – oder nach Bauchgefühl unter Druck?

Gibt es bei Ihnen eine Board-Routine für Cyber-Resilienz – oder nur Anlassgespräche?

Wer entscheidet, wenn der CEO selbst Teil des Vorfalls ist?

7

Teil VI – Sustain: Institutionalisierung der Führungsarchitektur

Was Sie aus diesem Teil mitnehmen:

Wie wird die entwickelte Entscheidungsarchitektur dauerhaft im Regelbetrieb verankert?
Wie bleibt Risikoüberwachung kontinuierlich wirksam?
Wie wird institutionalisierte Risikoakzeptanz regelmäßig überprüft?
Wie verhindert man strukturelle Erosion nach dem Vorfall?
Wann ist Resilienz organisatorische Eigenschaft und nicht nur Reaktion?

7.1 Sustain in der Praxis

Die vorangegangenen Teile dieses Buches haben digitale Resilienz in drei Schritten entwickelt: zunächst als Leadership Impact, sodann als Management-Reflexion und schließlich als konkrete Entscheidungsarchitektur im Praxisteil. Mit der Operationalisierung durch Eskalationsmatrix, Executive Decision Sheet, Zeitstruktur und Board-Routine ist die Führungslogik vollständig beschrieben. Doch damit ist sie noch nicht institutionell gesichert.

F. Kopp, *Quick Guide NIS-2 in Österreich*, Quick Guide,
https://doi.org/10.1007/978-3-658-52049-6_7

Sustain bildet die dritte Ebene dieser Architektur: die dauerhafte Verankerung von Leadership Impact und Management-Reflexion im Normalbetrieb. Ein Vorfall erzeugt Verdichtung. Verantwortung wird sichtbar, Entscheidungswege sind klar, Dokumentation erfolgt strukturiert. Mit der Rückkehr zur Routine droht diese Verdichtung jedoch zu erodieren. Zuständigkeiten werden wieder fragmentiert, Risikoabwägungen verlieren Priorität, Aufmerksamkeit verschiebt sich. Genau in dieser Phase entsteht ein strukturelles Risiko: Die im Ernstfall sichtbare Führungsarchitektur verliert an Priorität. NIS-2 adressiert nicht nur die Bewältigung einzelner Sicherheitsvorfälle. Es verlangt eine kontinuierliche Beaufsichtigung, Bewertung und Anpassung von Risikostrukturen. Diese Verpflichtung ist nicht projektbezogen. Sie ist dauerhaft.

Sustain bedeutet daher, die im Ereignisfall angewandten Entscheidungsmechanismen in reguläre Governance-Prozesse zu integrieren. Eskalationsschwellen müssen überprüfbar bleiben. Risikoakzeptanzen müssen dokumentiert und regelmäßig bestätigt werden. Entscheidungswege müssen auch außerhalb akuter Lagen belastbar sein. Digitale Abhängigkeiten wachsen kontinuierlich. Geschäftsmodelle beruhen zunehmend auf vernetzten Systemen, externen Dienstleistern und datengetriebenen Prozessen. Mit steigender Effizienz nimmt zugleich die Komplexität der Risikolage zu. Eine einmalige Implementierung von Sicherheitsmaßnahmen genügt unter diesen Bedingungen nicht.

Führung unter NIS-2 bedeutet, Unsicherheit nicht nur im Ernstfall zu strukturieren, sondern dauerhaft zu überwachen. Dabei steht nicht die Eliminierung jedes Risikos im Vordergrund, sondern dessen angemessene Einordnung. Angemessenheit ist eine Führungsentscheidung, keine technische Kennzahl.

Sustain erfordert deshalb drei Elemente: kontinuierliche Risikoüberwachung, institutionalisierte Entscheidungslogik und dokumentierte Risikoakzeptanz. Diese Elemente bilden zusammen die dauerhafte Führungsarchitektur. Die zentrale Frage lautet nicht, ob ein Unternehmen auf den letzten Vorfall angemessen reagiert hat. Entscheidend ist, ob seine Governance-Struktur auch ohne akuten Anlass funktionsfähig bleibt.

Dieses Kapitel konkretisiert, wie die zuvor entwickelten Instrumente in eine dauerhafte Steuerungslogik überführt werden. Ziel ist nicht die

Verdichtung von Compliance, sondern die Verstetigung professioneller Leitungstätigkeit im digitalen Umfeld.

Von der Reaktion zur Institution

Die Bewältigung eines Vorfalls ist eine temporäre Verdichtung von Führung. Sustain bedeutet, diese Verdichtung in eine institutionelle Struktur zu überführen. Ein Unternehmen kann einen Vorfall professionell bearbeiten und dennoch strukturell verwundbar bleiben. Entscheidend ist nicht allein die Qualität der Reaktion, sondern die Frage, ob aus der Reaktion belastbare Organisationsstandards entstehen. Führung zeigt sich daher nicht nur im Krisenmoment, sondern in der systematischen Ableitung organisatorischer Konsequenzen. Institutionalisierung beginnt mit der formalen Verankerung von Zuständigkeiten. Die Überwachung von Cybersicherheitsrisiken darf nicht ausschließlich operativ delegiert sein. Das Leitungsorgan muss in regelmäßigen Abständen strukturiert eingebunden werden – nicht als Empfänger technischer Berichte, sondern als verantwortliche Entscheidungsinstanz.

Ebenso erforderlich ist die Standardisierung von Entscheidungsabläufen. Das Executive Decision Sheet darf kein situatives Hilfsmittel bleiben. Seine Logik – Trennung von Lagebild, Wirkung, Zielkonflikt, Option und Risikoakzeptanz – sollte als wiederkehrende Struktur für wesentliche Risikofragen dienen, auch außerhalb akuter Vorfälle. Institutionalisierung bedeutet, dass Entscheidungsqualität nicht von individueller Erfahrung abhängt, sondern von festgelegten Verfahren getragen wird. Ein weiterer Aspekt betrifft die Dokumentationskultur. Dokumentation im Ernstfall ist häufig intensiv, im Normalbetrieb hingegen reduziert. Sustain verlangt eine gleichbleibende Nachvollziehbarkeit wesentlicher Risikoentscheidungen. Nicht jede operative Maßnahme muss auf Leitungsebene dokumentiert werden. Strategische Abwägungen jedoch schon. Nur so bleibt Governance überprüfbar.

Institutionalisierung schließt auch regelmäßige Überprüfung ein. Risikostrukturen verändern sich durch technologische Entwicklung, organisatorische Anpassungen und externe Abhängigkeiten. Was heute als angemessen gilt, kann morgen unzureichend sein. Eine statische Risikobewertung widerspricht dem Charakter digitaler Systeme. Von der Reaktion zur Institution zu gelangen bedeutet daher, drei Ebenen dauerhaft zu verankern: strukturierte Berichterstattung, klar definierte Eskalationsschwellen und dokumentierte Risikoakzeptanz. Diese Elemente transformieren punktuelle Krisenbewältigung in kontinuierliche Steuerungsfähigkeit.

NIS-2 schafft hierfür keinen zusätzlichen Verwaltungsaufwand, sondern einen verbindlichen Rahmen. Die regulatorische Erwartung an Überwachung und Angemessenheit zwingt zur Systematik. Professionelle Führung nutzt diesen Rahmen, anstatt ihn nur formal zu erfüllen. Sustain ist damit kein zusätzlicher Prozess. Es ist die Verstetigung der zuvor entwickelten Führungsarchitektur.

Institutionalisierte Risikoakzeptanz

Digitale Risiken lassen sich reduzieren, aber nicht vollständig eliminieren. Sustain setzt daher voraus, dass Risikoakzeptanz nicht situativ, sondern strukturell erfolgt. In der Praxis werden Risiken häufig implizit getragen. Systeme werden in Betrieb genommen, Abhängigkeiten eingegangen, Übergangslösungen verlängert. Solange kein Vorfall eintritt, bleibt diese implizite Akzeptanz unsichtbar. Erst im Ereignisfall wird deutlich, dass bestimmte Risiken faktisch akzeptiert wurden – ohne dokumentierte Abwägung.

Institutionalisierte Risikoakzeptanz bedeutet das Gegenteil. Sie verlangt eine bewusste, nachvollziehbare Entscheidung darüber, welche Restrisiken unternehmerisch tragfähig sind. Diese Entscheidung ist nicht technisch, sondern strategisch. Sie betrifft Prioritäten, Investitionsentscheidungen und Geschäftsmodelle. Das Leitungsorgan muss hierbei eine aktive Rolle einnehmen. Risikoakzeptanz kann vorbereitet und fachlich bewertet werden, sie darf jedoch nicht ausschließlich operativ verbleiben. Angemessenheit im Sinne regulatorischer Anforderungen ist letztlich eine Führungsentscheidung.

Strukturell lässt sich institutionalisierte Risikoakzeptanz in drei Elemente gliedern:

- Erstens, die klare Beschreibung des Risikos. Ohne präzise Darstellung von Eintrittswahrscheinlichkeit, potenzieller Auswirkung und betroffenen Geschäftsbereichen bleibt jede Akzeptanz abstrakt.

- Zweitens, die dokumentierte Abwägung. Welche Alternativen wurden geprüft? Welche Investitionen wären erforderlich gewesen? Warum wurde das Restrisiko als tragfähig eingestuft?
- Drittens, die periodische Überprüfung. Risikoakzeptanz ist kein dauerhafter Freibrief. Technologische Entwicklungen, Marktveränderungen oder neue regulatorische Anforderungen können die ursprüngliche Bewertung verändern. Sustain bedeutet daher regelmäßige Revalidierung.

Eine strukturierte Risikoakzeptanz schützt das Unternehmen in zweifacher Hinsicht. Sie erhöht die Transparenz interner Prioritäten und reduziert externe Angreifbarkeit. Im Fall einer behördlichen Prüfung ist nicht entscheidend, ob ein Risiko existierte, sondern ob es bewusst eingeordnet wurde. Professionelle Führung zeichnet sich nicht dadurch aus, jedes Risiko zu vermeiden. Sie zeichnet sich dadurch aus, Risiken systematisch zu bewerten und ihre Tragfähigkeit nachvollziehbar zu begründen.

Institutionalisierte Risikoakzeptanz ist damit ein Kernbestandteil nachhaltiger Governance unter NIS-2. Sie verbindet wirtschaftliche Realität mit regulatorischer Erwartung und schafft Klarheit über unternehmerische Prioritäten.

Kontinuierliche Überwachung und regelmäßige Bewertung

Sustain erfordert mehr als dokumentierte Risikoakzeptanz. Es verlangt eine kontinuierliche Beobachtung der Risikolage und eine regelmäßige Neubewertung ihrer Tragweite. Digitale Infrastrukturen sind dynamisch. Systeme werden erweitert, Schnittstellen geschaffen, Dienstleister gewechselt, Geschäftsmodelle angepasst. Jede dieser Veränderungen beeinflusst die Risikostruktur des Unternehmens. Eine einmal durchgeführte Analyse verliert unter diesen Bedingungen rasch an Aktualität.

Kontinuierliche Überwachung bedeutet daher nicht permanente Alarmbereitschaft, sondern strukturierte Regelmäßigkeit. Das Leitungsorgan muss in festgelegten Intervallen einen konsolidierten Überblick über die wesentlichen Cyber- und Abhängigkeitsrisiken erhalten. Dabei geht es nicht um technische Detailberichte, sondern um strategische Einordnung. Entscheidend ist die Qualität der Berichterstattung. Relevante Risiken müssen priorisiert, nicht nur aufgelistet werden. Veränderungen zur letzten Bewertung sind klar herauszustellen. Bestehende Risikoakzeptanzen sind zu bestätigen oder anzupassen. Nur so bleibt die Steuerungsfähigkeit erhalten. Regelmäßige Bewertung schließt auch Szenarioanalysen ein. Nicht um konkrete Angriffe vorherzusagen, sondern um Entscheidungsfähigkeit zu trainieren. Die Frage lautet nicht, welches Szenario wahrscheinlich ist, sondern ob die Organisation strukturell in der Lage wäre, es zu bewältigen. Simulationen und strukturierte Durchspiele unterstützen diese Fähigkeit.

Ein weiterer Aspekt betrifft externe Abhängigkeiten. Lieferketten, Cloud-Dienste und Plattformintegrationen verändern sich oft schneller als interne Prozesse. Kontinuierliche Überwachung muss deshalb auch die Risikolage externer Partner einbeziehen. Sustain bedeutet, Verantwortung nicht an der Systemgrenze enden zu lassen. Unter NIS-2 ist diese fortlaufende Überwachung keine freiwillige Initiative. Sie ist Teil der Leitungspflicht. Die Erwartung an angemessene Maßnahmen impliziert regelmäßige Überprüfung ihrer Wirksamkeit. Professionelle Führung dokumentiert daher nicht nur Entscheidungen, sondern auch deren erneute Bewertung. Kontinuierliche Überwachung ist kein Kontrollinstrument im engen Sinne. Sie ist ein Stabilitätsmechanismus. Sie verhindert, dass Risiken nur anlassbezogen diskutiert werden. Sie stellt sicher, dass Führung auch ohne akuten Vorfall strukturiert informiert bleibt.

Führungsverantwortung im digitalen Umfeld

Digitale Resilienz ist keine technische Disziplin. Sie ist eine Leitungsaufgabe. NIS-2 konkretisiert diese Verantwortung, indem es Überwachung, Risikobewertung und angemessene Maßnahmen explizit dem Leitungsorgan zuordnet. Diese Zuordnung ist keine formale Verschärfung, sondern eine Klarstellung: Digitale Risiken sind Unternehmensrisiken. Und Unternehmensrisiken sind Führungsgegenstand.

Professionelle Führung im digitalen Umfeld bedeutet daher, drei Ebenen dauerhaft zu verbinden:

- Erstens, strategische Einordnung. Digitale Abhängigkeiten, Systemvernetzung und Datenintegrität sind nicht isolierte IT-Themen, sondern integrale Bestandteile des Geschäftsmodells. Ihre Bewertung muss in strategische Entscheidungen einfließen.
- Zweitens, strukturelle Steuerung. Eskalationslogik, Entscheidungsarchitektur und Dokumentationsdisziplin dürfen nicht situativ aktiviert werden. Sie müssen institutionell verankert sein. Nur so entsteht Nachvollziehbarkeit.
- Drittens, persönliche Verantwortungsübernahme. Leitungstätigkeit unter NIS-2 bedeutet nicht operative Detailsteuerung, sondern klare Priorisierung, bewusste Risikoakzeptanz und transparente Abwägung. Verantwortung kann vorbereitet werden. Sie kann nicht delegiert werden.

Resilienz entsteht nicht aus der Vermeidung von Vorfällen. Sie entsteht aus der Fähigkeit, auch unter Unsicherheit geordnet zu handeln. Diese Fähigkeit ist kein Zufallsprodukt, sondern Ergebnis systematischer Governance. Der Praxisteil dieses Buches hat Instrumente beschrieben, die diese Governance konkretisieren: Eskalationsmatrix, Executive Decision Sheet, Zeitstruktur und Board-Routine. Sie sind keine zusätzlichen Compliance-Elemente. Sie sind Werkzeuge professioneller Führung.

Digitale Unsicherheit wird nicht verschwinden. Technologische Entwicklung beschleunigt sich, regulatorische Anforderungen verdichten sich, Abhängigkeiten nehmen zu. In diesem Umfeld ist Resilienz keine Sonderkompetenz, sondern Kernbestandteil verantworteter Unternehmensführung. NIS-2 ist daher nicht nur eine regulatorische Verpflichtung. Es ist ein struktureller Prüfstein für Professionalität auf Leitungsebene. Wer diese Professionalität institutionell verankert, erfüllt nicht nur gesetzliche Anforderungen. Er erhöht die Steuerungsfähigkeit seines Unternehmens. Resilienz ist keine Reaktion. Sie ist organisierte Führung.

Ihr Transfer in die Praxis

Werden Ihre Risikoakzeptanzen regelmäßig bestätigt – oder still tradiert?

Ist die im Vorfall sichtbare Führungsarchitektur auch sechs Monate später noch sichtbar?

Berichtet man Ihnen Cyber-Risiken regelmäßig – oder nur anlassbezogen?

Erkennen Sie strukturelle Erosion rechtzeitig – oder erst, wenn der nächste Vorfall sie offenlegt?

Ist Cyber-Resilienz bei Ihnen Teil der Strategiearbeit – oder eine Pflichtübung zwischen Audits?

8 Conclusio

Die Diskussion um NIS-2 wird häufig technisch geführt. Im Vordergrund stehen Maßnahmenkataloge, Sicherheitsarchitekturen und Meldeprozesse. Diese Perspektive greift zu kurz. NIS-2 ist kein IT-Gesetz im engeren Sinne. Es ist ein Governance-Regime. Sein Kern liegt nicht in der Technologie, sondern in der Verantwortungszuordnung. Die Richtlinie verankert Cybersicherheit ausdrücklich als Leitungsaufgabe. Damit verschiebt sie den Fokus von der operativen Gefahrenabwehr hin zur strukturierten Steuerung unternehmerischer Risiken im digitalen Umfeld.

Dieses Buch hat NIS-2 daher nicht als Compliance-Projekt betrachtet, sondern als Führungsarchitektur. Ausgangspunkt war die Erkenntnis, dass jeder erhebliche Vorfall ein Führungsereignis ist. Steuerbarkeit unter Druck, Entscheidungsreife statt Technikreife und die klare Trennung zwischen Incident Response und Leadership Response bilden die Grundlage dieser Architektur. Darauf aufbauend wurde gezeigt, wie Führung im Ernstfall strukturiert werden kann: durch klare Eskalationslogik, durch dokumentierte Abwägung im Entscheidungsraum, durch konsistente Meldearchitektur und durch kontrollierte Kommunikationssteuerung. Der Executive Incident Plan ist kein technisches Playbook, sondern ein Instrument zur Sicherung von Entscheidungsqualität.

F. Kopp, *Quick Guide NIS-2 in Österreich*, Quick Guide,
https://doi.org/10.1007/978-3-658-52049-6_8

Entscheidend ist jedoch die Verstetigung. Resilienz entsteht nicht im Krisenmoment, sondern in der institutionellen Verankerung von Risikoüberwachung, dokumentierter Risikoakzeptanz und regelmäßiger Bewertung. Sustain bedeutet, die im Ernstfall angewandte Führungslogik in dauerhafte Governance zu überführen. NIS-2 verlangt keine Unverwundbarkeit. Es verlangt Angemessenheit, Überwachung und Nachvollziehbarkeit. Diese Anforderungen sind kein Selbstzweck. Sie zielen auf professionelle Leitungstätigkeit in einem Umfeld zunehmender digitaler Abhängigkeit.

Digitale Geschäftsmodelle erhöhen Effizienz, Geschwindigkeit und Reichweite. Gleichzeitig steigern sie Komplexität und Verwundbarkeit. Diese Ambivalenz lässt sich nicht auflösen. Sie lässt sich nur führen.

Die zentrale Frage lautet daher nicht, ob Risiken bestehen. Sie lautet, ob sie strukturiert bewertet, bewusst getragen und nachvollziehbar dokumentiert werden. Genau hier entscheidet sich die Qualität der Unternehmensführung. NIS-2 ist damit mehr als eine regulatorische Schwelle. Es ist ein Prüfstein für Professionalität auf Leitungsebene. Wer die darin angelegte Führungslogik ernst nimmt, stärkt nicht nur die regulatorische Position des Unternehmens, sondern seine strategische Steuerungsfähigkeit insgesamt.

Resilienz ist keine technische Eigenschaft. Sie ist das Ergebnis organisierter, verantworteter Führung.

Literatur

Netz- und Informationssystemsicherheitsgesetz 2026 (NISG 2026), BGBl. I Nr. 94/2025.

Erläuterungen zur Regierungsvorlage zum NISG 2026, 308 der Beilagen XXVIII. GP.

Sicherheitspolizeigesetz (SPG), BGBl. Nr. 566/1991.

Verwaltungsstrafgesetz 1991 (VStG), BGBl. Nr. 52/1991.

Datenschutzgesetz (DSG), BGBl. I Nr. 165/1999.

Telekommunikationsgesetz 2021 (TKG 2021), BGBl. I Nr. 190/2021.

Gesundheitstelematikgesetz 2012 (GTelG 2012), BGBl. I Nr. 111/2012.

E-Commerce-Gesetz (ECG), BGBl. I Nr. 152/2001.

Signatur- und Vertrauensdienstegesetz (SVG), BGBl. I Nr. 50/2016.

Richtlinie (EU) 2022/2555 (NIS-2-Richtlinie) über Maßnahmen für ein hohes gemeinsames Cybersicherheitsniveau in der Union.

Verordnung (EU) 2016/679 (Datenschutz-Grundverordnung – DSGVO).

Verordnung (EU) 2021/887 zur Einrichtung des Europäischen Kompetenzzentrums für Industrie, Technologie und Forschung im Bereich der Cybersicherheit.

F. Kopp, *Quick Guide NIS-2 in Österreich*, Quick Guide,
https://doi.org/10.1007/978-3-658-52049-6

Verordnung (EU) 2022/2554 (DORA) über die digitale operationale Resilienz im Finanzsektor.

Richtlinie (EU) 2022/2557 (CER-Richtlinie) über die Resilienz kritischer Einrichtungen.

Verordnung (EU) Nr. 910/2014 (eIDAS-Verordnung).

MIX
Papier | Fördert gute Waldnutzung
FSC® C083411

Zeitfracht Medien GmbH
Ferdinand-Jühlke-Straße 7
99095 Erfurt, Deutschland
produktsicherheit@kolibri360.de